VINGT ANS AUPRÈS D'UN RUCHER

OU

COURS D'APICULTURE RATIONNELLE

EN HUIT LEÇONS

Purement pratiques et mises à la portée de tous

PAR UN APIPHILE

DEUXIÈME ÉDITION

S'adresser rue St-Martin-des-Vignes, 4 bis
à Mâcon (Saône-et-Loire)

MÂCON
IMPRIMERIE ÉMILE ROMAND
10, rue Saint-Nizier, 10

1886

VINGT ANS AUPRÈS D'UN RUCHER

OU

COURS D'APICULTURE RATIONNELLE

VINGT ANS AUPRÈS D'UN RUCHER

OU

COURS D'APICULTURE RATIONNELLE

EN HUIT LEÇONS

Purement pratiques et mises a la portée de tous

PAR UN APIPHILE

DEUXIÈME ÉDITION

S'adresser rue St-Martin-des-Vignes, 4 bis
à Mâcon (Saône-et-Loire

~

MACON
IMPRIMERIE ÉMILE ROMAND
10, rue Saint-Nizier, 10
—
1886

AVANT-PROPOS

———

Le rucher devrait faire partie de tout
jardin bien tenu. Deux ou trois colonies
d'abeilles suffisent pour l'embellir et l'ani-
mer. On leur assigne une place à l'endroit
le plus calme ou au pied d'un massif d'arbres
qui les protègera contre le vent dominant.
Tournées au sud-est, portées par un support
rustique, peintes à la couleur préférée, abri-
tées contre la pluie et le soleil par un faîtage
à double versant, elles seront du meilleur
effet. Cette ornementation coûte peu et
permet pourtant de faire de la façon la plus
gracieuse les honneur du chez-soi. C'est le
secret d'égayer les alentours du plus mo-
deste logis. Quelque bien dessiné et riche-

ment planté que soit un jardin, si la végé-
tation est seule à faire les frais du décor,
on n'échappe pas longtemps à l'impression
de monotonie et de satiété que cause le silence d'une nature morte. Mais placez là
quelques essaims d'abeilles, aussitôt tout
prend couleur et vie; elles donnent le signal
et l'accent de la plus joyeuse fête. Près de
ce centre de mouvement et de travail, le
temps ne dure pas. On s'arrête près d'un
rucher et on y revient toujours avec un
nouveau plaisir.

Ceux que le côté poétique du rucher ne
tenterait pas seront attirés, du moins, par
le plaisir d'unir l'*utile* à l'*agréable, utile
dulci,* et de récolter presque chaque jour
le miel de leurs abeilles aussi facilement
que les fruits de leurs arbres. A certains
jours, en effet, la ruche en regorge. L'emploi du cadre mobile et de l'extracteur permet de suivre la succession des fleurs et
d'étiqueter à mesure, en les distinguant par
leurs parfums variés, les miels d'accacia,
de sycomore, de tilleul, d'héliotrope, de ré-
séda, etc. En ces jours d'abondance, rien
n'égale l'activité de l'abeille ; c'est l'ardeur

de la récolte dans tout son feu. *Fervet opus.*
Inutile d'insister sur les charmes d'une
aussi douce culture. Ceux qui les ont goûtés
ne sont pas près d'y renoncer. C'était là
l'idéal de félicité champêtre, objet des aspi-
rations du poète latin, quand il exaltait le
bonheur des habitants des champs : *O for-*
tunati!... O heureux, disait-il, les cultivateurs, s'ils savent apprécier le bien qui leur
est offert! Bien plus heureux encore, di-
rons-nous à notre tour, les apiculteurs :
O fortunati nimium! Ils sont appelés à recueillir ce présent de l'abeille chanté par
les poètes, aimé de tous, et que Virgile ap-
pelait un don du ciel, *donum celeste.* Oui,
vraiment heureux les apiculteurs, ils ont
tous les biens qui leur sont communs avec
les habitants des campagnes, sans avoir à
porter, comme eux, le poids souvent acca-
blant du jour et de la chaleur.

Cette merveilleuse puissance de produc-
tion est à la disposition de tous; il n'y a
qu'à profiter du progrès incontestable que
d'habiles et heureux investigateurs ont fait
faire à cette branche intéressante de l'histoire naturelle. Grâce à leurs ingénieuses

découvertes, les conditions de cette culture sont complètement changées, et au lieu des chétives récoltes en miel, aussi insignifiantes pour la quantité que repoussantes pour la qualité, le rucher atteint le plus haut degré de l'échelle des productions rurales, partout où l'apiculteur rationnel en a la direction. On peut tenir pour certain que si le miel, et surtout le bon miel, est encore un aliment de luxe dans la plupart des familles ; si la France est tributaire de l'étranger pour les besoins de sa consommation, ce n'est ni la faute du climat, ni celle des abeilles ; on ne doit s'en prendre qu'au système routinier d'apiculture dans lequel nos paysans semblent vouloir s'immobiliser. On doit s'en prendre aussi à leur ruche à rayons fixes, instrument barbare avec lequel tout progrès rationnel est impossible. Les possesseurs de ces ruches fermées ne paraissent pas se douter de l'heureuse révolution opérée dans l'antique apiculture par les découvertes modernes. Aussi longtemps que ces retardataires n'auront pas mis au rebut leur ruche fermée à toute lumière, à toute observation, il ne faut s'attendre pour eux à aucune amélioration. Malheureusement, ils forment la multitude, laquelle nous semble presque aussi inintelligente en agriculture qu'elle est absurde en politique avec son suffrage. Espérons que l'apiculture rationnelle, aidée de ses instruments perfectionnés, finira par faire justice de cette routine obstinée.

Le rucher; si poétique en lui-même, si avantageux dans sa culture, nous impressionne, nous attire encore dans un ordre plus élevé, dans l'ordre moral. Sous ce rapport, la ruche nous apparaît comme un livre grand ouvert où le philosophe chrétien lit en caractères frappants les lois imposées à l'homme par son créateur, telles que la loi de l'ordre à observer partout et toujours, celle du travail imposé à tous, et enfin la loi de l'union qui doit régner entre tous les membres d'une même famille et d'une même société. Toutes ces lois sont écrites dans ce livre en action. C'est sans doute pour cela que la culture des abeilles est si sympathique à toute âme bien née et naturellement chrétienne. Le rucher, presque à notre insu, finit par déteindre sur notre moral, soit en faisant diversion aux pensées pénibles, soit en dissipant l'ennui qui fatigue tant d'existences inoccupées ou tourmentées.

C'est une école anti-révolutionnaire sous bien des aspects. Il y a longtemps que nous fréquentons cette école ; tellement que j'ai eu la pensée d'intituler cette étude sur ce peuple charmant : *Vingt ans auprès d'un rucher.* Or, je n'ai gardé que de bons souvenirs de mes relations journalières avec elles, au cours de ces vingt ans. Elles gagnent vraiment à être connues, car mieux on les connaît et plus on les aime ; aussi ai-je quelque peu l'ambition de propager le culte que je leur ai voué. Un poète a eu raison de dire :

Qui fait aimer l'abeille fait aimer la vertu.

VINGT ANS AUPRÈS D'UN RUCHER

ou

COURS D'APICULTURE RATIONNELLE

1re LEÇON

Du titre de cette Brochure et du système qui y est adopté

Un ouvrage se résume dans son titre; et le nôtre dit en effet tout ce que nous voulons. *C'est un cours spécial en 8 leçons, ayant pour objet l'apiculture rationnelle, purement pratique et mise à la portée de tous.* Ce cours est offert comme *spécial* en ce sens qu'il diffère de tous les traités sur la même matière, et pour le mode d'enseignement, et pour le résultat, ou autrement pour la forme et pour le fond. Il va droit au fait, est fort pressé d'arriver, se borne à quelques pages bientôt lues, et pourtant garantit mieux le succès que les gros volumes publiés en traités d'apiculture, qui ne le garantissent pas du tout. Je ne crains même pas de dire que ces traités n'ont jamais fait un apiculteur. Ils enregistrent une foule de questions plus ou moins controversées qu'on peut lire, mais qui n'ont pas pour effet de mettre l'instrument à la main, d'écarter les difficultés, et faire arriver au succès. Le succès! Ils affectent même de ne pas y croire, ils le nient parce que c'est un parti pris chez plusieurs de ces auteurs de ne point admettre une vérité qui ne sort pas de leur école.

On peut donc donner comme *spécial* ce petit cours, lequel procure en quelques pages ce qu'on chercherait vainement dans ces grands volumes, sorte de dictionnaires à consulter en certains cas, mais qu'on ne peut offrir comme manuels pratiques à des gens pressés d'arriver à leur but.

Ce cours roule sur *l'apiculture rationnelle*, ainsi appelée parce que d'après l'étymologie de ce mot, se fondant sur des faits incontestables révélés par les découvertes modernes, raisonne ces faits agricoles sur lesquelles elle s'appuie, en déduit des règles sûres qu'elle applique à l'aide d'instruments perfectionnés, et arrive ainsi sûrement et promptement au but.

Que veut en effet l'apiculteur ? Se procurer du miel, beaucoup de miel, et le meilleur, en lui conservant toutes ses qualités. Or, l'apiculture rationnelle seule peut lui faire obtenir ce qu'il cherche. Les procédés usuels de l'apiculture routinière, encore trop répandue, n'arrivent qu'à fournir très peu de miel et de qualité détestable.

Comment en serait-il autrement ? L'apiculture rationnelle n'existe que depuis les découvertes modernes. Jusqu'à notre époque, on a ignoré les lois qui président aux fonctions déterminées par la nature des abeilles. La ruche ancienne, qui remonte aux temps préhistoriques, est fermée à toute lumière, nul ne peut y voir les secrets qu'elle recèle ; comment faire sortir de cette obscurité quelques règles sûres pour parvenir à éclairer la route de l'opérateur. Aussi a-t-on pris, de temps immémorial, le parti désespéré d'abandonner les abeilles à elles-mêmes, et de laisser au repos absolu la ruche à rayons fixes, qui a été ainsi le plus grand obstacle à un progrès quelconque.

On ne peut rien voir ni toucher dans ce réduit obscur, il n'y a qu'à mettre cette ruche au rebut, au lieu de chercher à l'améliorer et en tirer un parti impossible. Cet instrument barbare a toujours fait le malheur des routiniers ; c'est lui qui a donné naissance à la culture vulgaire et irrationnelle ; aux opérations absurdes qui en sont l'application, ne pouvant en définitive aboutir qu'à un résultat négatif.

La cause étant irrationnelle, les effets devaient l'être aussi ; il n'y a qu'à les passer en revue pour s'en convaincre. Ainsi, est-il rationnel de mettre deux ans à récolter ce qu'on obtient par l'apiculture vraiment rationnelle en quelques jours ?

Est-il rationnel de laisser consommer par les abeilles le miel du printemps et du commencement d'été, le plus hygiénique, le plus parfumé, de plus grande valeur, pour ne récolter que celui d'automne de qualité inférieure ?

Est-il rationnel de changer par le mode défectueux d'extraction le miel que l'abeille donne si pur, si beau, si parfumé, si délicieux de goût en une bouillie sale, infecte et nauséabonde ?

Est-il rationnel de laisser dévorer une grande partie de la récolte par des légions de *bourdons*, au lieu d'empêcher leur éclosion comme cela doit se faire ?

Est-il rationnel de mettre un an à former le nouvel essaim qui devrait, dès le second mois de sa formation, donner déjà des récoltes ?

Est-il rationnel de terminer chaque année apicole par asphyxier la moitié de ses ruchées, procédé qui est plutôt du ressort de la loi Grammont, ou du domaine de la société protectrice des animaux, que d'un système d'apiculture quelconque ?

Le faux de ce système se fait sentir même dans les opérations les plus recommandées par des auteurs en renom, telles que celles qui ont pour objet les *réunions*, les *substitutions*, etc. Ces pratiques peu rationnelles ont eu pour cause la fixité des rayons. En lisant la critique de ce système, un de ses défenseurs croit avoir répondu d'une façon péremptoire en disant : « Ce sont pourtant les tenants de cette apiculture vulgaire que vous condamnez qui alimentent la consommation publique. » Je reconnais ce fait, mais je réponds qu'il ne détruit aucunement la thèse de l'apiculture rationnelle. Il n'y a qu'à se rendre compte de ce qui fait le fonds de cette prétendue consommation, et on trouvera que l'expression est sans force. En effet, il y a tant de consommateurs qui s'alimentent, pour les besoins de leurs professions, en miel très inférieur ! Mais il faut reconnaître que si le fixisme peut se prévaloir d'alimenter les vétérinaires et un grand nombre d'autres professions, il lui est interdit de présenter ses produits sur une table quelconque. Si quelques-uns l'ont osé, le succès n'a pas été encourageant, car c'est sans doute à ces exhibitions mal inspirées qu'il faut attribuer la répugnance qu'éprouve un grand nombre de personnes pour le miel, cet excellent aliment, qu'on a eu tort de leur présenter en partie gâté. On a oublié qu'on servait des personnes et non des animaux. Il y a donc miel et miel : le miel des ruches fixes et le miel d'extracteur. Il n'y a rien de commun entre eux. En discréditant, et cela sans remords, le miel recueilli dans les ruches à rayons fixes, je n'entends parler que de celui recueilli dans le bas de ces ruches, où il a fermenté longtemps, car celui qui est récolté dans le haut de ces mêmes ruches, dans les calottes ou chapiteaux, dont quelques-uns ont la bonne pensée de coiffer leurs ruches, est réellement bon, à moins qu'on ne le gâte en recourant aux moyens défectueux d'extraction dont les cultivateurs sont coutumiers.

Ce miel des calottes est le seul mangeable; et, quand le rayon n'a subi aucun mauvais procédé d'extraction, il est aussi bon que le miel d'extracteur de l'apiculture rationnelle. Mais il faut ajouter que ce miel des chapiteaux est en fort petite quantité relativement à la masse du miel grossier et vraiment mauvais sous tous les rapports qu'on recueille chaque année dans le bas des ruches fixes. De plus, ce miel inférieur, et même mauvais, dédommage-t-il par sa quantité ce qu'il fait perdre par défaut de qualité? Beaucoup seront tentés de le croire, et penseront que s'il ne peut servir pour la table, il donne au moins de quoi défrayer abondamment les besoins des diverses industries et professions? On doit répondre qu'il n'en est rien, non seulement ces ruches donnent mauvais, mais elles donnent peu, si peu, qu'on aura peine à le croire, surtout quand on lit dans les divers traités mentionnés ci-devant ces phrases à effet où l'on désigne ces ruches comme *alimentant la consommation publique.* Je ne puis invoquer un meilleur témoignage à cet égard que celui des partisans de ce système. J'ai sous les yeux le *Dictionnaire général des Sciences*, qui donne, pour moyenne des récoltes annuelles pour chaque ruche, 1 kilo 500 grammes à 2 kilos. Ce chiffre est conforme à celui que j'ai lu dans la statistique officielle envoyée par le ministère dans les fermes-écoles.

Plusieurs objecteront qu'ils récoltent davantage, aussi doit-on remarquer que les chiffres donnés n'expriment qu'une moyenne calculée sur le produit général des ruches en France. C'est donc à cette quantité négligeable que se réduit le produit des ruches. Encore faudrait-il défalquer de ce chiffre général celui provenant de l'apiculture rationnelle qui n'a rien de commun avec celui du fixisme.

Enfin, pour que le lecteur ne se laisse pas trop aisément allécher par ce brillant bénéfice de 2 kilos de miel, l'auteur du dictionnaire cité se hâte d'ajouter que ce résultat ne pourra être obtenu que si le rucher *est bien dirigé* : On ne saurait être plus engageant, comme on voit.

S'il y avait quelque intérêt à prolonger l'exposé de ce que la culture commune offre d'irrationnel, nous continuerions cet examen ; mais, à quoi bon ! cette cause est jugée pour tout amateur intelligent, expérimenté et de bonne foi.

En quoi donc consistera l'apiculture rationnelle ? Comment justifiera-t-elle cette qualification ? Elle sera le contraire de ce qui vient d'être présenté et offrira autant d'avantages que la routine offre d'inconvénients. Pour ne toucher que quelques principaux points, je dirai que l'apiculture rationnelle est celle qui, partant des découvertes modernes, de celle surtout du cadre mobile et de l'extracteur, raisonne toutes ses opérations, n'admet dans la pratique que celles qui sont conformes aux faits révélés à d'habiles investigateurs, et parvient à faire couler un fleuve de miel à la place d'insignifiantes récoltes de mauvais miel données par l'ancienne méthode.

L'apiculture rationnelle ne compte pas ses récoltes par années, mais par floraisons, plusieurs fois renouvelées dans la même année.

Elle enseigne à conserver indéfiniment les essaims, à les multiplier en les rendant puissants.

Elle donne le secret de supprimer les bouches inutiles, savoir ces innombrables bourdons, la plaie des ruches fixes, et d'accroître d'autant la récolte de miel qui eût été dévorée par ces affamés.

Avec l'apiculture rationnelle, on suit la succession des fleurs, et, par suite, celle des miels qui y correspondent, réservant les meilleurs et abandonnant ceux de qualité moindre aux abeilles.

Non seulement on obtient quantité, mais qualité. Le miel retiré de la ruche presque aussitôt déposé, à l'état frais, avant la moindre fermentation, avec tout son parfum, est passé à l'extracteur qui vide les rayons à froid, en quelques minutes, et les rend intacts aux abeilles pressées de les remplir de nouveau.

Telle est l'apiculture rationnelle qui fait l'objet de ce travail.

Le titre de cet ouvrage dit aussi que notre exposé sera renfermé dans quelques pages, sous forme de cours en 8 leçons ; c'est donc bien peu à lire, mais c'est assez. Ce qui est vraiment utile, essentiel à savoir en apiculture, peut être renfermé dans ce cadre restreint. Les choses utiles prennent peu de place, les inutiles sont toujours encombrantes. Après l'exposé de trois ou quatre opérations, après avoir montré la mise en mouvement de quelques instruments, je ne saurais rien ajouter, sans tomber dans le défaut que je veux éviter, celui de faire un livre gros d'érudition, chargé d'un lourd bagage scientifique, de considérations métaphysiques, de calculs à perte

de vue, toutes choses que nul ne me demande. La véritable spécialité de ce petit
ouvrage est d'être pratique et exclusivement
pratique. Or, si j'ouvre un des traités d'apiculture, de ceux qui sont censés, comme on
dit, faire autorité, si je parcours la table des
matières, j'y vois l'énoncé de quantité de cha-
pitres et je me demande, sur chacun d'eux,
à quoi cela peut-il servir dans la pratique?
Il y a des détails abondants sur l'anatomie
de l'abeille, sur sa physiologie, son histoire,
sa poésie, etc. Cela peut intéresser celui qui
aime la physiologie des insectes; mais j'entends la foule des aspirants à l'apiculture
me dire : Passons, cela ne donne pas du
miel. Que penser des longues énumérations
des ennemis des abeilles, de leurs ma-
ladies, des divers états où les colonies
sont censées pouvoir se présenter? Tout
cela est étiqueté, catalogué, comme chose
invariable, ce qui n'est certainement
pas. La plupart du temps, on n'a que faire
de ces conseils, et, le cas échéant, on aura
bien plus tôt fait de recourir à quelqu'un de
ces livres dictionnaires appelés traités, pour
y trouver le remède du moment, que de

les prendre pour guide dans un chemin qu'ils excellent à obstruer et embarrasser de difficultés souvent imaginaires. Car, enfin, je suis censé prendre la ruchée à l'état de santé, d'activité, de fonctionnement normal, et non dans une de ces mille situations maladives pour lesquelles ils semblent seulement avoir écrit. Aussi, en me promenant en esprit à travers toutes ces descriptions de pharmacie, moi, qui n'ai jamais qu'un rucher en bonne santé, je me dis, comme le philosophe grec passant à travers les fantaisies d'un marché : Que de choses dont je n'ai que faire !

Est-il bien pratique encore d'arrêter le lecteur sur un chantier de construction de ruches, portant toutes noms d'auteur, ou dénomination de province, avec mille détails prolixes, description des diverses formes d'architecture, souvent bizarres ? Le lecteur, bien entendu, acceptera de confiance le jugement du maître qui fait ressortir les avantages ou les inconvénients qu'il signale. Or, puisqu'un débutant est incapable de juger du fort et du faible d'une ruche, que c'est

vraiment une question de confiance, qu'il faut avoir une grande expérience pour juger des qualités qu'elle doit avoir, pourquoi perdre le temps à arrêter le novice dans cette galerie, puisqu'il n'est pas en mesure de se prononcer? Si l'auteur du traité se croit en possession d'un instrument qui a fait ses preuves, qu'il peut donner comme irréprochable, qu'il le recommande et qu'il fasse grâce à ce débutant de toutes les descriptions superflues dont ces ouvrages sont pleins, à moins qu'il ne veuille faire de la réclame à titre d'intérêt personnel. On le croirait presque, tant on s'explique peu ces questions étrangères au sujet, ou qui ne s'y rattachent que de fort loin.

Enfin, je promets dans mon titre non seulement quelques leçons purement pratiques, mais je les donne encore comme accessibles à tout esprit, et mises à la portée de tous. C'est promettre beaucoup, si j'en crois les mêmes auteurs adversaires du système moderne d'apiculture rationnelle. D'après eux, jamais les gens de la campagne n'adopteront nos données. Ils prétendent qu'il faut pour cela être doué d'une intelligence

supérieure, d'un luxe de loisirs à ne savoir
que faire de son temps pour l'employer à
faire mouvoir des cadres mobiles, d'une
dextérité rare, et surtout d'une patience à
toute épreuve. Les opérations de l'apiculture
rationnelle sont donc, aux yeux de ces
maîtres ès art apicole, comme de vrais tours
de force ; leur application, un phénomène ex-
ceptionnel, et qui ne doit pas compter en
pratique. Nous aurions donc tort, selon eux,
de pousser à l'impossible. Ces jugements sin-
guliers datent peut-être des premiers temps
des découvertes modernes, alors que le dernier mot n'était pas dit sur ce que les nouveaux progrès en apiculture nous réser-
vaient ; le fonctionnement de la ruche à
cadres mobiles en était à ses premiers
essais ; on pouvait se défier à cette heure ;
mais aujourd'hui le système est sorti victo-
rieux de toutes les défiances, de toutes les
critiques, de toutes les épreuves. On ne
pourrait, de nos jours, maintenir un tel
langage sans être taxé d'ignorance ou de
mauvaise foi. Quoi qu'il en soit, voilà vingt
ans que nous faisons l'application journa-
lière de ce système ; n'admettant que les

instruments inventés pour son service ;
n'employant que la ruche mobile, et nous
n'avons jamais rencontré les difficultés
dont parlent ces adversaires. Toutefois,
il ne suffit pas qu'une ruche ne contienne que des cadres mobiles pour
mériter d'être dite rationnelle. L'ima-
gination de plusieurs inventeurs s'est tellement donné carrière sous ce rapport, qu'il
y a toujours un examen de sélection à faire
au début. Mais, en supposant un choix ju-
dicieusement fait, je dis que l'apiculture
rationnelle n'a rien de difficile, et qu'on ne
s'engage pas beaucoup en promettant de la
mettre à la portée de tous. Nous ne nous
sommes jamais douté, pendant nos longues
années d'exercice apicole, que nous dussions
être doués de tant d'esprit, de tant de qualités et de vertus pour accomplir des opérations aussi simples que des enfants même
auraient pu exécuter. Nous les avons en
effet souvent associées à nos gentils travaux,
dont elles se faisaient une récréation pleine
d'intérêt et réconfortante pour leur santé.
Du reste, on verra bien vite, en lisant les
quelques opérations recommandées, qu'elles

n'ont rien excédant les forces humaines, ni même l'intelligence la plus commune.

Non, qu'on se rassure, l'apiculture n'est pas aussi difficile qu'en se l'imagine, C'est même de toutes les cultures rurales celle qui se prête le mieux aux intermittences, aux variations atmosphériques, elle laisse en repos pendant six mois de l'année, et pendant les quelques mois où elle est en pleine activité, elle n'est point absorbante, ne s'impose pas despotiquement comme d'autres travaux champêtres, on peut se suffire à soi-même, si on se contente de faire de l'apiculture domestique. En sachant distribuer ses visites, on peut, en se jouant, conduire plusieurs ruches d'une façon rationnelle, et en retirer tous les avantages garantis par le système. De jour en jour l'habitude rend l'exercice plus facile. On est surpris à la fin de la frayeur panique qu'on ressentait au début, et on est tenté de conclure avec le fabuliste : De loin, c'est quelque chose, et de près ce n'est rien.

Il n'y a donc pas à s'arrêter davantage aux difficultés dont quelques auteurs peut-être intéressés ont voulu faire un épouvan-

tail. L'apiculture rationnelle n'exige ni tant
d'intelligence, ni tant d'adresse, ni tant de
patience. Si ces qualités sont requises, ce
serait au cas où l'on voudrait faire de l'apiculture en dehors de notre système. Les
auteurs qui se sont attelés maladroitement
à celui du fixisme, ne savent pas tout
ce que la lecture de leurs traités et l'application de leurs conseils exigent d'efforts,
si on veut les suivre. Je suis sûr qu'aucun
d'eux ne fait de l'apiculture dans les conditions qu'ils recommandent. Aussi, toute
leur théorie a pour résultat de faire illusion.
Il semble qu'ils formulent un système, et,
au fond, tout se borne à laisser aller les
abeilles comme elles veulent. C'est sans
doute ce qu'ils ont de mieux à faire. Mais
pourquoi ne pas le dire, et prétendre avoir
une théorie, quand il y a absence de tout
système, de tout principe et de toute règle
à appliquer ?

2ᵉ LEÇON

La Ruche.

————

A un système rationnel d'apiculture, il fallait un instrument qui le servit docilement, répondit à ses exigences, fût comme identifié avec lui. La ruche à cadres mobiles est cet instrument, elle est l'expression de ses découvertes, le moyen indispensable pour ses applications et sa mise en œuvre. Par la ruche, le système prend corps, se manifeste et atteint son but. Je ne dirai donc pas comme un professeur d'apiculture et auteur d'un traité, *qu'il n'y a pas à se préoccuper du choix de la ruche, vu que ce choix n'influe aucunement sur le succès.* L'apiculteur, dit-il, n'a qu'à *compter sur ses ressources personnelles, son coup d'œil ob-*

*servateur, son esprit ingénieux, son tour de
main,* mais c'est tout. Sûrement, l'instrument ne fait rien tout seul, la ruche ne donnera pas son miel comme la fontaine donne ses eaux, mais elle y aide bien. Elle ne fait pas tout, mais c'est une erreur de nier l'influence qui lui revient dans le succès des opérations qu'on ne peut exécuter que par elle.

Cette façon d'envisager la question serait vraie, si la ruche qu'on emploie est mal étudiée, mal construite, n'offrant aucune ressource, présentant même des résistances insurmontables, comme la ruche à rayons fixes. Oui, en ce cas, on n'a qu'à compter sur soi pour réussir, malgré un si malencontreux instrument. Le malheureux professeur pensait sans doute à sa ruche fixe quand il émettait cette opinion que l'art apicole n'a rien à attendre de la ruche. On sent qu'elle ne lui a rendu aucun bon service. Mais, puisqu'il est dégagé de toute reconnaissance envers elle, pourquoi ne jette-t-il pas cette ruche de malheur au rebut ? Son autorité et son exemple eussent été bons à citer. Pourquoi surtout tirer cette conclusion générale que l'apiculture n'a pas à se préoccuper du choix de la ruche ? De plus, non seulement il ne tient pas rancune à l'instrument néfaste qui l'a si mal servi, mais c'est toujours la ruche de son cœur, il la recommande en dépréciant ses rivales, celle surtout à cadres mobiles à qui l'avenir est réservé, quoi qu'il dise. Ne pouvant louer sa ruche fixe de ses qualités et de ses services, il n'oublie pas, du moins, de noter l'unique avantage qu'elle procure, celui de coûter peu. Toutefois, il n'y avait pas à mettre en ligne de compte, en l'accentuant, ce léger profit; il valait mieux passer sous silence ce que tous se disent, savoir qu'un panier renversé, ayant pour tout mobilier deux bâtons croisés, ne devait pas coûter grand chose. Il fallait surtout éviter d'en tirer la conséquence que l'apiculture des fixistes est celle qui produit au plus bas prix de revient, ayant si peu à dépenser pour loger les abeilles. Au fait, cette pauvre ruche donne ce qu'elle vaut, et toutes les réclames ne la relèveront pas de sa déchéance.

Il est donc faux que la ruche n'ait pas d'influence sur l'ensemble de la culture; tant vaut la ruche, tant vaut le succès, quand cette ruche est vraiment à l'image d'un système rationnel. Un choix judicieux à cet égard est comme le premier pas presque décisif dans la route qui s'ouvre. Une œuvre bien commencée, dit-on, est à moitié faite. Je n'oublierai jamais que presque toutes nos tribulations, au début, nous sont venues de ruches mal étudiées et mal construites. Nous avions suivi le mauvais conseil de ceux qui veulent que chacun fasse ses ruches. Là où il faut non seulement un ouvrier sachant à fond son métier, et un menuisier même doublé d'un apiculteur, nous avions commis la faute de livrer le tout à un apprenti brouillé avec l'équerre et le compas. Si on n'exige pas pour chaque pièce un fini irréprochable, il faut au moins exiger la précision indispensable, sans laquelle les opérations qui en dépendent seraient compromises. Une mauvaise exécution, une mesure mal gardée, peut créer à l'opérateur des difficultés fort désagréables et ferait attribuer à la ruche à cadres mobiles ce qui serait le fait d'un ouvrier maladroit.

Ce n'est pas tout que d'avoir une ruche bien étudiée, bien construite, il s'agit de la mettre en mouvement, et plusieurs prétendent que son mécanisme est tellement compliqué qu'il faut pour cela une adresse hors ligne.

Un auteur allemand, Berlepsch, va jusqu'à dire que « sur cinquante apiculteurs, il s'en trouve à peine un qui réunisse les qualités nécessaires pour conduire une ruche à cadres. » Ces maîtres en apiculture nous font vraiment trop d'honneur dans leurs jugements; jamais, sans eux, la pensée ne nous fût venue, dans nos fréquentes visites, que nous exécutions de vrais tours de force. Mais disons plutôt que toutes ces appréciations datent déjà de loin. A l'époque où l'apiculture rationnelle fit son avènement, elle causa des surprises de plus d'un genre. Il fallait laisser le temps, l'expérience faire la lumière dans cet inconnu. A l'heure présente, toutes les terreurs paniques ont disparu, et on reconnaît qu'il n'est pas plus difficile de se faire au maniement d'une

ruche à cadres qu'on se fait dans tous les métiers à l'emploi des instruments professionnels. On vérifie constamment le dire du bon Lafontaine, rappelant aux timides une vérité d'application en toutes choses : « On s'y prend d'abord mal, dit-il, puis un peu mieux, puis bien, puis enfin il n'y manque rien. »

Voilà donc cette ruche tant discutée, exaltée par les uns, repoussée par d'autres. L'opposition paraît pourtant désarmée, et il n'y a plus qu'à profiter d'une cause définitivement gagnée. Examinons-là avant qu'elle ne soit habitée, passons en revue les diverses pièces dont elle se compose, il n'en est aucune qui ne présente quelque intérêt, tout y est marqué au cachet rationnel dans le détail comme dans l'ensemble.

Voilà d'abord le contenant ou *Corps de ruche*. Il est percé de plusieurs ouvertures, non arbitrairement distribuées, mais commandées et placées selon que les besoins de la population l'exigent.

La première ouverture est celle qui doit donner entrée aux abeilles. Elle est à fleur du plancher intérieur, longue de 25 centimètres, et haute d'un petit centimètre seulement. Placée sur le devant de la ruche et dans le sens de sa longueur, elle ne donne pas seulement un accès facile aux abeilles, mais elle assure de plus la bonne aération de la ruche. L'air est l'aliment de la vie animale, et les abeilles ne font pas exception dans cette communauté de besoin. Il faut maintenir pleinement libre la circulation de l'air entre les rayons. Ce serait donc une faute de l'arrêter à son point d'entrée, comme cela se voit dans beaucoup de ruches mal percées à cet égard et dans lesquelles cette entrée est placée sur un des côtés. Dans cette disposition, les cadres se trouvent, au dedans, parallèles à cette entrée ; de sorte que le premier rayon peut être considéré comme un châssis placé en travers pour faire obstacle à l'air ; cet obstacle ira en augmentant à mesure que les autres rayons ou feuilles placées à la suite du premier se multiplient. Cela étant, quelle sera la quantité d'air qui parviendra aux derniers rayons, quand dix à douze paravents l'auront absorbé ? Je ne sais, mais on ne peut nier qu'une ruche, dans de telles conditions, n'est pas suffisamment aérée.

Les auteurs désignent cette position des cadres relativement à la porte, par le mot de *bâtisse chaude.* Ils diraient mieux *bâtisse étouffée.* Les abeilles doivent en souffrir et moins bien prospérer. Je suis heureux de me rencontrer cette fois en communauté d'idées avec un auteur dont le traité ne me paraît pas toujours si bien inspiré : C'est par la porte, dit l'abbé Colin, que les abeilles respirent et que l'air se renouvelle. Si donc les gâteaux se trouvent en travers et barrent le passage à l'air, les abeilles en souffriront ; en hiver, la mortalité sera plus grande, et, en été, le couvain prospérera moins bien. Il ajoute : les gâteaux ou rayons, au lieu d'être placés en travers de la porte, iront mieux d'avant en arrière. L'air, en ce cas, rencontre moins d'obstacle pour pénétrer, puisque chaque galerie vient aboutir sur le devant. On a donné à cette seconde disposition le nom de bâtisse froide, j'aimerais mieux l'appeler *bâtisse aérée.* En effet, les abeilles aiment l'air mais non le froid. On peut compter sur elles pour se défendre contre ce dernier ; elles savent, dans les plus grands froids, élever la température de leur habitation ; mais ce qu'elles ne peuvent se donner, c'est l'air nécessaire à leurs besoins, surtout quand l'apiculteur est assez mal inspiré pour opposer obstacle sur obstacle à sa libre circulation dans les couloirs séparatifs.

Nous sommes tellement convaincus des avantages qui résultent de cette bonne aération, qu'indépendamment de l'ouverture destinée à l'entrée des abeilles, nous avons pratiqué, dans le couvercle de notre ruche, une autre ouverture ayant dix centimètres de diamètre et fermée par une toile métallique galvanisée. Cette ouverture a plusieurs fins : au mois de mars, elle reçoit un *nourrisseur* contenant du sirop, lequel, offert alors aux abeilles, les réveille et les prépare à la première récolte. En été, cette ouverture sert de *ventillateur;* il s'établit par elle dans la ruche un courant d'air, prévient la suspension des travaux qu'amènerait une trop grande chaleur. Enfin, en hiver, on place sur cette même ouverture un petit sac rempli de paille, laquelle étant mauvais conducteur, concentre la chaleur du dedans, empêche sa déperdition, et absorbe par l'ouverture en question la buée ou vapeur d'eau qui se dégage de la ruche. Elle fait office de cheminée d'appel, et empêche la vapeur de former des gouttes retombant sur les cadres, moisissant la cire. Il faut une échappée à cette humidité malsaine. Dans ces conditions d'aération, tout est pour le mieux. Aussi, les abeilles, si empressées à boucher toutes les issues, toutes les fentes à l'approche de l'hiver, se gardent bien de fermer notre ouverture du couvercle. Elles sentent d'instinct que tout cela est favorable au bon état de la colonie.

S'il est important de placer la porte d'entrée des abeilles d'une façon rationnelle et de manière à assurer la parfaite aération de la ruche, il ne l'est pas moins d'ouvrir la ruche elle-même de façon à faciliter les visites, l'extraction des cadres, chaque fois que besoin est. Ces visites, dans le système de l'apiculture rationnelle, sont fréquentes. Ne faut-il pas passer l'inspection pour arrêter, dès le début, l'invasion de la fausse teigne, le plus redoutable et presque le seul

ennemi des ruches? A la faveur des ténèbres, elle étend le réseau des soies qui abri-
tent ses galeries, et si on n'arrête sa marche,
le rayon est bientôt détruit. Elle procède à
la façon de la franc-maçonnerie qui, à la
faveur aussi des ténèbres dont elle s'enve-
loppe, envahit de proche en proche jusqu'au
moindre hameau, propageant partout la
destruction morale, religieuse et sociale.

D'autre part, il ne suffit pas de remplir une ruche de cadres, encore faut-il que
ces cadres soient accessibles pour les retirer, les passer à l'extracteur, les replacer
aussitôt vidés, pendant tout le temps que
dure la récolte. Ces opérations doivent pouvoir s'accomplir avec la plus grande facilité
et en rien de temps. Or, il est impossible
d'obtenir ce résultat avec des ruches qui s'ou-
vriraient par l'un des côtés, tandis qu'on y
arrive aisément en ouvrant la ruche par le
dessus. Notre couvercle se divise en deux
parties ; en enlevant l'un ou l'autre de ces
fragments, on a tous les cadres sous les
yeux et on peut porter ses perquisitions
partout où bon semble. Ce mode, pour ouvrir une ruche, est si naturel, que je ne

puis comprendre comment il est venu à quelqu'un la singulière idée d'ouvrir la ruche par le côté.

Comment extraire les cadres d'une telle ruche qui n'a que 34 centimètres de largeur environ d'une paroi à l'autre ?

Trouvera-t on bien commode d'introduire les deux mains dans cet espace resserré pour décoller les rayons de dessus leurs feuillures ? Où les placer, à mesure qu'on les retire ? et il y en a 14 à 15 à loger quelque part ! Quelquefois, on en trouvera adhérents l'un à l'autre ; ce sera un inconvénient de plus. Enfin n'oubliez pas qu'il faut opérer dans l'obscurité et à tâtons. Est-ce rationnel ? Est-ce possible ? D'autre part, quelle perturbation dans le rucher ! la chose tourne vite au tragique ! le pillage devient imminent ! Comment opérer avec calme au milieu de ce nuage d'abeilles, de ce formidable bourdonnement ?

Puis, il faudra replacer ces rayons, ce qui sera plus difficile encore ! N'est-ce pas se créer à plaisir des difficultés ? En ouvrant la ruche par le dessus, on opère en pleine lumière, aisément et à coup sûr. On n'ôte les

deux parties du couvercle que successivement, de sorte que la mère et la foule des
abeilles trouve toujours un abri où se réfu-
gier. On peut même étendre sur la partie dé-
couverte un linge qu'on replie à mesure et
qui permet de ne découvrir que le cadre que
l'on veut inspecter. Je ne sais comment s'y
prennent les apiculteurs qui sont affligés
de ruches à construction défectueuse ;
pour moi, je préfèrerais renoncer à l'apiculture que d'opérer dans d'aussi malheureuses
conditions. Ce qui étonne davantage encore, c'est de voir ces ruches s'ouvrant par
le côté avec tous les inconvénients que je
viens de dire, non seulement acceptés de
confiance par des débutants, mais préférées
par des maîtres, installées même par des
sociétés d'apiculture dans leur rucher modèle.

Comment sortent-ils des difficultés qu'on
doit nécessairement leur opposer ? je
l'ignore ; j'ai lu seulement la réponse insé-
rée dans un bulletin d'une de ces associa-
tions, relative à la manière d'extraire les
rayons par cette porte du côté et qui se présente de prime abord. « Quand donc, y est-

il dit, a-t-on besoin de retirer les cadres placés trop avant dans les ruches? » Mais pardon, nos chers maîtres, ce besoin se fait sentir fréquemment. A quoi bon recommander dans les livres les opérations de l'apiculture rationnelle, si des difficultés de construction les rendent impossibles? Si on doit laisser ces cadres immobiles, ne pas y toucher, quelle différence y a-t-il entre la ruche à rayons fixes et cette ruche prétendue rationnelle, mais dont les rayons sont immobilisés par suite des difficultés de l'extraction? Pour moi, je trouve ces deux ruches aussi irrationnelles l'une que l'autre.

Dans notre ruche, sont logées 16 pièces dont 14 cadres mobiles, une *planche pleine* et mobile aussi, et enfin une *grille* mobile.

Sa capacité a été calculée de façon à se prêter à la pleine et entière expansion de ponte de la mère abeille. Elle a 14 cadres sur lesquels le couvain peut s'étendre, et où les abeilles peuvent déposer les provisions nécessaires à l'élevage des larves.

Cette capacité est trop grande en certains temps, par exemple au sortir de l'hiver. A cette époque, les abeilles couvrent tout au plus 6 à 7 rayons ; or, la règle veut qu'on proportionne la ruche à l'état de la population, en toute saison. Il y a donc lieu alors de réduire cette capacité de près de moitié. Cela se fait à l'aide de la planche mobile que l'on ramène à la suite du dernier rayon habité et conservé. De cette sorte, les abeilles, dont le nombre n'est pas considérable alors, n'auront pas à échauffer les parties vides de la ruche, elles concentreront toute la chaleur sur les quelques cadres qu'elles occuperont, et le couvain se trouvera dans de bonnes conditions de réussite. Il est même utile de calfeutrer, en mars et en avril, cette planche qui termine la série des cadres réservés, pour que la chaleur ne se perde pas par les alentours, ou simplement on peut envelopper cette planche d'une feuille de papier qui remplira bien cette destination ; le papier est mauvais conducteur de la chaleur ; quelques personnes s'en enveloppent les pieds pour les préserver du froid, et c'est peu coûteux, ce qui lui fait donner le nom de *fourrure des pauvres.* Voilà l'essaim à l'état de ruchette. On ajoutera d'autres rayons vides successivement, à mesure qu'on verra ceux qui ont été réservés pleins de couvain de miel et de pollen ; en ce cas, la planche pleine descend et continue à séparer la partie pleine habitée de la partie vide. Ce mouvement de développement continue jusqu'au moment de la pleine récolte. Alors on supprime la planche mobile et on met à sa place un cadre de plus, ce qui en porte le chiffre à 15. Malgré cette addition, la capacité, suffisante pour la ponte, devient insuffisante pour recevoir toute la récolte ; il faut que l'extracteur lui vienne en aide. Grâce à ce secours, la ruche de 15 cadres offre continuellement du vide à la mère pour continuer sa ponte, et du vide aux ouvrières butineuses pour emmagasiner la cueillette de chaque jour, quelque abondante qu'elle soit.

La récolte finie, la population diminue insensiblement, et plusieurs cadres devenant disponibles, la planche mobile reprend son emploi et vient de nouveau rétrécir la ruche aux proportions des cadres couverts d'abeilles.

On doit remarquer que la principale

pièce contenue dans la ruche est le *cadre mobile*. Son introduction a été le signal des découvertes sur lesquelles est fondée l'apiculture rationnelle. Ce n'est que par lui qu'on est maître de ses abeilles, qu'on peut multiplier ses observations. Sans lui, c'était l'immobilité, la nuit profonde, l'impossibilité d'arriver au moindre progrès, aussi fut-il accueilli avec faveur. Son inventeur, ou, selon quelques-uns, son plus célèbre vulgarisateur, le curé Dzierzon, le présenta d'abord à l'Allemagne qui s'empressa de l'adopter. Bientôt il franchit les limites de son pays d'origine, et, de proche en proche, il est arrivé à envahir les deux mondes, faisant couler partout un fleuve de miel. On ne peut assez reconnaître le service qu'il a rendu aux apiculteurs, ou plutôt l'heureuse révolution qu'il a opérée dans cette intéressante culture. On peut, grâce à lui, examiner, quand besoin est, tous les rayons sur les deux faces, constater l'état du couvain, trouver la mère, arrêter au début toute maladie ou accident, supprimer le couvain de bourdons, suivre le progrès des récoltes pour retirer les rayons pleins à temps, etc. Bref, accomplir toutes les opérations réputées avantageuses et prescrites par l'apiculture rationnelle dans l'état actuel de nos connaissances apicoles.

3e LEÇON

La Grille mobile.

———

Outre les cadres mobiles et la planche destinée à réduire ou augmenter la capacité de la ruche, on trouve encore dans ladite ruche une *grille mobile* destinée à aider à la suppression des bourdons, à l'époque où cette ponte s'étend démesurément, et, plus tard, à préserver le miel destiné a être consommé en rayons de tout ce qui pourrait en altérer la fraîcheur.

On ne place la grille mobile qu'aux époques où elle peut rendre le double service que je viens d'indiquer. Premièrement, pendant la grande ponte de la mère, durant les mois d'avril, mai et juin, tant que l'instinct de la mère et de la colonie se portent à l'envi

à propager ce couvain de malheur. La pro-
duction illimitée des bourdons est le fléau
des ruches à rayons fixes, elles sont con-
damnées à se laisser dévorer par ces légions de faméliques improductifs. Les an-
ciens les ont désignés sous le nom d'*abeilles
fainéantes*. A part l'emploi que dame nature leur a assigné et pour lequel un seul
suffit par ruche, nul n'a pu encore découvrir leur utilité. S'ils sont bons à quelque
chose, le secret en est bien gardé. Mais ce
qu'on peut constater, c'est que ce sont d'in-
trépides consommateurs et excellent à faire
le vide dans les rayons, au grand préjudice
de l'apiculteur. Ils ne recueillent pas une
goutte de miel en tout le temps de leur existence, mais, en retour, un bourdon con-
somme à lui seul plus que quatre abeilles.
On n'a, pour s'en convaincre, qu'à considérer la taille lourde, massive de ce robuste
mangeur : il faut nécessairement une ration proportionnée à sa carrure. Il a d'ailleurs l'appétit toujours ouvert, rien ne trouble sa digestion. Manger ou se promener
aux bonnes heures du jour en bourdon-
nant, telle est la joyeuse mais très inutile

existence de ce fainéant. Il n'y a pas seulement à tenir compte de leur inutilité et du vide qu'ils font dans les provisions, il faut encore calculer à quel degré effrayant ces inconvénients se multiplient par le fait de leur multitude. Il y a des ruches qui ont un nombre de bourdons presque égal à celui des ouvrières. Tout praticien a pu voir comme nous, dans chaque ruche, des rayons complètement et exclusivement remplis de couvain de bourdons. Or, on a eu la patience de compter le nombre d'alvéoles dont se compose un rayon ; on en a trouvé 850 par décimètre carré. Les rayons de notre ruche ayant chacun neuf décimètres, on aura dans un rayon un total de 7,650 alvéoles remplis de bourdons. Mais il n'y a pas qu'un seul rayon : ce couvain parasite s'étend sur plusieurs en plus ou moins grande étendue, se renouvelle après une première éclosion, tant que la saison le comporte.

Attendra-t-on que toutes ces larves arrivent à éclosion ? ce serait peu rationnel. Pour nous, nous avons sur la conscience des exterminations formidables de bourdons au printemps. On ne fait quartier à aucun. Il s'en échappe toujours plus qu'on n'en veut.

On peut ajouter, à la charge de ces mêmes bourdons, qu'ils sont fort encombrants, et gênent considérablement les ouvrières dans leurs travaux. On convient sans peine qu'on fait beaucoup plus de chemin quand la route est libre que quand elle est obstruée par une foule stationnaire, remplissant les carrefours, les rues, les passages. Faut-il donc qu'une malheureuse abeille s'arme de bonne volonté, quand, arrivant des champs, chargée de sa goutelette de miel, elle a à se frayer une route à travers cette masse compacte de bourdons, pour arriver aux magasins et y dégorger ce miel. Quel précieux temps perdu pour elle! Elle eût plus tôt fait de recueillir une nouvelle goutte de miel que de déposer celle qu'elle porte, sans compter que les difficultés rencontrées en entrant se renouvellent à la sortie ; vraiment, c'est trop de temps, trop de peine, dépensés inutilement dans ces jours de miellée, si précieux et si rares !

La *grille mobile*, placée à propos quand la saison des bourdons va commencer, fa-

cilite singulièrement leur suppression. Elle
détermine dans la ruche une partie réser-
vée, dans laquelle on place tous les rayons
qui présentent en totalité ou en partie des
constructions à alvéoles de bourdons. Les
abeilles ouvrières peuvent passer à travers
la grille, et font de ces rayons des magasins; ce qui est avantageux et permet de
conserver ces bâtisses pour le temps de
récolte; mais la mère abeille, à laquelle le
passage est interdit, n'ayant à sa disposition que des alvéoles à ouvrières, ne pouvant atteindre ceux à bourdons qui sont
placés hors de sa portée, ne pourra changer ces alvéoles en berceaux.

Si un rayon n'offrait que du couvain de
bourdons, retirez-le pendant 24 heures,
vous le replacerez après, il est mort, les
abeilles le nettoieront. Si on ne peut le sortir, à cause qu'il contient aussi du couvain
d'ouvrières, attendez qu'il soit operculé,
passez alors vivement le couteau à désoperculer, les abeilles enlèveront ces cadavres.

La ponte ne pourra donc avoir lieu au delà
de la *grille mobile*, les rayons qui seront placés
dans ce lieu réservé n'offriront que du miel, il

ne s'y trouvera aucune portion de pollen que les abeilles ne déposent qu'à proximité du couvain. On aura, par ce moyen, des rayons immaculés, ceux surtout qui seront fraîchement bâtis, dont la cire est toute jeune et blanche, s'offriront de la façon la plus appétissante ; cet avantage n'est pas à dédaigner. On sait combien le miel en rayon est recherché. Nombre de personnes ne l'aiment que sous cette forme. Or, il est si rare de le rencontrer dans des conditions engageantes ! Qui n'a vu sur les marchés ou chez les épiciers ce miel en rayons dont il a fallu, à l'aide du couteau, retrancher des fragments de couvain ou de pollen qui se trouvaient mêlés au miel, ce qui le déforme ? De plus, la cire de ces fragments de miel manque de fraîcheur, elle a perdu sa blancheur première ; la tranche coule de toutes parts ; on ne sait comment saisir ces morceaux de rayon tant ils sont poisseux ; bref, il n'y a rien là de nature à tenter l'amateur. La grille mobile supprime ces inconvénients, les rayons qu'elle protège n'offrent que du miel. On a eu l'heureuse pensée aussi de subdiviser ces cadres de façon à en enchâsser plusieurs petits dans ceux plus grands qui les contiennent. Ils sont, dans ce centre, indépendants les uns des autres ; on peut extraire chaque petit rayon qui contient environ 1 kilo de miel du cadre principal, sans en faire couler une seule goutte, contenu qu'il est par un bois léger formant bordure : c'est parfait de fond et de forme ; cela fait bonne figure sur une table, et il semble vraiment qu'il manque une friandise de bon goût, quand on a oublié au dessert ces élégants petits rayons de miel encadrés de cette sorte.

Je ne sais à qui est due l'idée première de cette grille mobile ; toujours est-il qu'elle est d'une utilité incontestable. Aussi je trouve étonnant que les apiculteurs ne l'aient pas adoptée avec le même empressement que le cadre mobile ; elle rend des services trop considérables pour la mettre en oubli. Mais il faut remarquer que, entre les diverses pièces que contient la ruche, cette grille est bien celle qui exige le plus de précision de la part de l'ouvrier ; un millimètre de plus ou de moins suffit pour la rendre inutile et faire échouer les opé-

rations auxquelles on l'emploie. On peut se
servir, pour l'établir, de la tôle perforée
mécaniquement à l'emporte-pièce, qu'on
trouve dans le commerce ; mais je me défie
du métal dont la bavure fait office de râpe
ou de lime et doit promptement user les
ailes des abeilles. Elles n'ont que trop d'oc-
casion de les déchirer aux aspérités des
plantes qu'elles visitent, sans leur créer
dans la ruche même, par le frottement ré-
pété de leur corps contre ces lames de métal, un danger de tous les instants. J'ai donc
préféré le bois à la tôle ; on a même soin
d'émousser les arêtes de ces lattes en bois
léger pour leur rendre le passage tout à
fait inoffensif.

La grille mobile se place aussitôt qu'on a
vu paraître les premiers bourdons, même
avant, c'est-à-dire dès que, en visitant la
ruche, on a constaté un commencement de
couvain de bourdons. On transporte ce
fragment au delà de la grille, il servira à
amorcer les abeilles et les déterminer à
franchir ce passage. Si tôt qu'elles en auront pris possession, on passera dessus le
couteau d'apiculteur et on désoperculera

ces alvéoles ; les abeilles se chargeront de les vider et d'extraire ces cadavres.

A l'époque du printemps, la grille mobile divise la ruche en deux parties et fait office de la planche mobile qu'elle remplace. On peut donner plus ou moins de capacité au compartiment qu'elle ouvre, selon le besoin du moment. Quand la ponte des bourdons est passée, on peut réduire l'espace qui n'a plus d'autre destination que de servir de magasin pour les rayons de miel. Ce magasin se termine par un châssis vitré qui s'ouvre ou se ferme à volonté et à travers lequel les plus timides peuvent impunément admirer les travaux de nos butineuses.

Telle est notre ruche. Je ne sais ce qu'on pourrait y ajouter ni ce qu'il serait possible de supprimer. Elle ne contient aucun organe inutile. Chacun a sa fonction respective ; et, telle quelle, elle donne les meilleurs résultats et peut défier le contrôle des praticiens les plus expérimentés. C'est comme un mécanisme bien monté qui, une fois mis en mouvement, va presque tout seul en vertu de la première impulsion.

4e LEÇON

La Préparation.

Pour rendre plus clair l'exposé des opérations apicoles, on peut les classer dans l'ordre où elles se présentent naturellement, et les distribuer sous ces trois mots fort simples : *avant, pendant* et *après.*

Avant.

Il y a quelques précautions préparatoires à prendre. La première est relative au *rucher*. A ce propos, je ne sais m'expliquer comment plusieurs apiculteurs sont partisans du rucher en plein air. Les abeilles sont peu tolérantes de leur nature, et, si

on ne peut les accuser d'être gratuitement
agressives, excepté à l'état sauvage, il faut
reconnaître qu'elles sont promptes à la défense, courageuses jusqu'à la mort, et font
souvent payer cher à l'opérateur sa mala-
dresse, quand il s'avise d'en presser quelqu'une sous les doigts, ou quand il imprime
des chocs à leur ruche. Pour les aborder,
il faut choisir le moment favorable, tous ne
le sont pas également; un temps calme et
doux est de rigueur. Elles ne souffrent pas
qu'on soit pressé avec elles ; hâtez-vous
donc lentement en les visitant. Mais comment n'être pas pressés, posséder le sang-
froid requis quand on a un soleil de plomb
sur la tête, et qu'on est exposé à une inso-
lation ? On comprend que le routinier qui
abandonne ses ruches à elles-mêmes, ne
les visite pas, n'ayant rien à y voir, n'ait pas
besoin de s'abriter sous un auvent, une char-
pente quelconque; mais, dans le système
d'apiculture rationnelle où les visites sont
fréquentes, où il faut procéder sans précipi-
tation ni agitation, ne pas brusquer les
opérations, un rucher couvert d'une façon
quelconque, ne serait-ce que par l'ombre

d'un arbre, est indispensable, moins pour les abeilles que pour l'opérateur.

Du reste, nos ruches à cadres sont de forts jolis meubles qui méritent bien qu'on veille à leur conservation, les mettant à l'abri des variations trop fréquentes de la température.

Il n'y a pas seulement à protéger sa tête seulement contre le soleil, il faut aussi préserver le visage contre les piqûres. Un voile en tulle noir, uni, fixé aux ailes d'un chapeau et venant se nouer sous le menton en protégeant le cou, est un costume simple, léger, presque coquet, et qui remplit bien ce but. Il n'a rien de commun avec l'accoutrement grotesque, le casque légendaire à mailles en fil de fer, dont on se coiffait, et dont on se coiffe en bien des endroits. Ce masque n'est bon qu'à causer une congestion cérébrale ; aussi avons nous bien fait de déposer cette défroque burlesque au musée des antiques. Le voile est très suffisant pour défendre le visage. Quant aux mains, vous ne penserez jamais à les ganter, ce serait aussi inutile qu'embarrassant. Le cas échéant, pincez l'endroit piqué pour exprimer la gouttelette, après avoir arraché l'aiguillon. Du reste, le tempérament se fait vite à ces légers incidents. D'aucuns prétendent que cette piqûre guérit du rhumatisme ; je donne ce remède empirique S. G. D. G.

Mais c'est presque déjà trop sur ce bobo, aussi serait-on tenté de rire du sérieux avec lequel les traités d'apiculture offrent recettes sur recettes à cet égard, il semble qu'on ne puisse aborder les abeilles sans l'attirail d'une pharmacie portative. Il suffit d'être calme, de bien voir où l'on pose les doigts, et bientôt on pourra extraire tous les cadres d'une ruche sans coup férir.

Toutefois, j'autorise à faire le signe de la croix quand on ouvre une ruche ; cette pratique ne nuit à rien. Les sectaires ne veulent la croix nulle part ; nous la voulons partout : nos abeilles ne sont pas laïcisées.

En tous cas, on ne renonce pas à cueillir des roses quand même on ait rencontré quelquefois les épines du rosier, de même vous ne vous laisserez pas émouvoir pour si peu, et bientôt vous arriverez à visiter vos abeilles avec le calme que vous éprouvez à cultiver une plate-bande.

Il y a pourtant une arme défensive qui a fait ses preuves et dont il faut user. Il s'agit de l'*enfumoir*. Celui dit *américain* est fort commode, il se compose d'un cône en fer-blanc servant de cheminée et d'une douille ou corps d'enfumoir qui est établie sur un petit soufflet. On jette dans la douille un fragment du charbon dit Stoker, que vendent en boîte les quincailliers, on achève de remplir cette douille avec des chiffons, ou une poignée de marc de cire desséchée, si on a eu soin de la conserver lors de la dernière fonte. On peut manœuvrer cet enfumoir avec une seule main, et on a de la fumée fort longtemps. Après quelques bouffées projetées sur les cadres en ouvrant, on dépose cet enfumoir à proximité de la main, le cône en haut, et non couché, afin de pouvoir y recourir quand besoin est. Avec cette arme de la fumée, vous aurez bientôt raison des émeutières, car il y en a toujours quelques-unes promptes à partir en guerre. Telles sont les précautions à prendre *avant*.

Pendant.

Les quelques opérations dont il va être question appartiennent à l'apiculture proprement dite. Tout ce qui a été dit jusqu'à présent était comme l'entrée en matière, une préparation. Il fallait faire connaissance avec l'essentiel de la théorie, et, quoique je n'y ai qu'à peine touché, cela suffit pour le but exclusivement pratique que je me suis proposé.

Nettoyage. — L'année apicole commence dans les derniers jours de février ou les premiers de mars. Par un de ces beaux jours, quand on voit les abeilles sortir en foule, on ouvre la ruche pour un nettoyage à fond. Après avoir enfumé quelque peu, jusqu'à bruissement, on décolle avec un fer, ou un ciseau de menuisier, les oreilles des cadres. Après les avoir visités, avoir constaté l'état du couvain, qu'on doit pouvoir déjà apercevoir sur quelques rayons du centre, on dépose ces cadres dans une ruche vide qu'on aura disposé pour cet effet, à portée de la main. Puis, avec une petite truelle, un morceau de ferblanc, une vitre, un objet quelconque, on racle le plancher de la ruche et on ôte tout le son de cire mis en tas par les abeilles durant les mois d'hiver. Il n'y aura que la fausse teigne qui se plaindra de cette salutaire opération. En certaines ruches, on trouve un vrai fumier, avec chaleur humide, éminemment favorable à l'éclosion des œufs de fausse teigne. On épargne donc, par ce nettoyage, un travail considérable aux abeilles, qui emploieront mieux leur temps qu'à nettoyer leur habitation, ce qu'elles feraient d'ailleurs trop tard, et on détruira leurs ennemis. Cela fait, on replace les cadres, on réduit la portion habitée de la ruche aux rayons couverts d'abeilles, à l'aide de la planche mobile qu'on calfeutre du mieux qu'on peut, pour concentrer la chaleur. L'essaim est alors dans les meilleures conditions pour son développement. Si, en cette première visite, on n'avait vu aucun commencement de couvain, il faudrait en prendre note pour visiter cette ruche une semaine après, et, s'il n'y a pas davantage trace d'œufs ou de couvain plus ou moins avancé, c'est une forte présomption que la mère est morte pendant l'hiver. Cela étant, dès qu'on constatera qu'il y a déjà dans une autre ruche du couvain de bourdons, on doit emprunter un rayon où on voit du couvain d'ouvrières de tout âge, et on le place au centre de la ruche qu'on suppose à bon droit orpheline. Elles se feront une mère dont l'éclosion coïncidera avec celle des premiers bourdons, et bientôt tout rentrera dans l'ordre. Il faut s'exercer à distinguer les œufs d'abeilles ; on les aperçoit comme des points blancs, collés au fond des alvéoles, sur les rayons du centre principalement.

L'opération du nettoyage dont il vient d'être parlé suppose que la ruche est habitée. Mais il n'en est pas toujours ainsi, et, en ce cas, la première opération est de loger un essaim en cette ruche inhabitée, quelle que soit l'époque de l'année où l'on se trouve.

Transvasement. — Je ne connais qu'un moyen sûr de faire passer un essaim d'une ruche à rayons fixes dans notre ruche à cadres. Les auteurs en indiquent plusieurs, mais ils ne m'ont point réussi ; je vais au plus sûr et au plus court, celui-ci réussit toujours et à tous :

On place la ruche à cadres avec son couvercle sur un terrain propre et durci. On renverse proche d'elle la ruche habitée, mettant ainsi ses rayons à découvert. Cela fait, refoulez avec la fumée les abeilles dans le fond de leur habitation. Puis, avec un fort couteau, retranchez toute la partie des rayons que vous pouvez atteindre, évitant toutefois de tuer les abeilles. Quand on aura retranché ainsi le tiers ou la moitié de chacun des rayons, il faut former de ces fragments de nouveaux rayons, mobiles cette fois. Pour cela, il aura fallu préparer, sur une planche à proximité, 4 à 5 longueurs de ficelles, sur lesquelles on dépose un cadre vide, puis on dispose, le plus régulièrement qu'on peut, les fragments à mesure qu'on les retranchera de la ruche habitée. On doit avoir soin de leur conserver la même situation que celle qu'ils avaient dans leur ruche ; les alvéoles auxquels les abeilles donnent une inclinaison du dehors au dedans pour mieux retenir le miel, doivent la conserver dans la nouvelle place. Le cadre recevra d'abord les fragments qui contiennent du couvain. Une fois plein, on ramène le bout des ficelles qu'on aura coupées assez longues pour pouvoir les nouer sur la traverse supérieure du cadre. Cette première opération finie, on place ce cadre dans la nouvelle ruche, puis on procèdera à la confection d'un ou de plusieurs autres cadres de couvain ou de miel avec le reste des fragments qu'on retranchera et qu'on placera à la suite du premier cadre déjà installé. Cela fait, découvrez la ruche à cadres et, prenant avec les deux mains celle qui contient encore les abeilles, secouez-la deux à trois fois sur les cadres à fragment. Les abeilles tomberont en très grand nombre; refermez la ruche avec son couvercle. Il a dû rester encore une certaine quantité d'abeilles, il faut les secouer de nouveau et à plusieurs reprises, mais devant la porte d'entrée de la nouvelle ruche et non comme la première fois au-dessus des nouveaux cadres. Elles tomberont à terre et se hâteront d'entrer

dans leur nouvelle demeure. Il n'y aura
plus alors qu'à se retirer à part et achever
de vider la ruche des portions de rayons
fixes qui y sont encore, en former de nouveaux cadres, qu'on place à la suite de ceux
déjà logés. Deux ou trois jours après, les
abeilles auront soudé ces fragments les uns
aux autres, avec plus ou moins de régula-
rité, selon qu'on les aura rapprochés plus
ou moins entre eux. Après deux ou trois
jours, on peut couper et enlever les ficelles.
Le transvasement étant fait, on laisse la
ruche à la même place jusqu'au soir, on la
porte alors à l'endroit qu'on lui destine. Si la
ruche qu'on vient de vider a été prise dans
le voisinage, à la distance moindre de trois
kilomètres, beaucoup de ces abeilles re-
prendront le chemin connu. Afin de les recueillir, il est à propos de replacer la ruche
une fois vidée à son ancienne place, et, pendant un ou deux jours, à deux ou trois reprises, surtout à la tombée de la nuit, on
revient la secouer avec les abeilles qui se
sont obstinées à y chercher leur refuge ;
on n'en perdra, de cette sorte, que fort peu.
Après ce transvasement, on aura, dans la

nouvelle ruche, 4 à 5 cadres bâtis avec les morceaux extraits de l'ancienne. Si la mère a péri dans ce déménagement, il n'y a pas grand mal, car le couvain de tout âge avec lequel on a construit un ou plusieurs cadres permettra aux abeilles orphelines de se faire une nouvelle mère, et bientôt cette ruchette, composée de 5 à 6 rayons et que termine la planche mobile, sera dans d'ex-cellentes conditions.

5ᵉ LEÇON

Le Nourrissage.

———

L'apiculture rationnelle admet quelques faits d'observation qu'il faut indiquer. Le premier de ces faits démontre qu'il n'y a que les ruches très populeuses qui font de vraies récoltes, proportionnées au chiffre de la population multiplié par lui-même. Ainsi, si un kilo d'abeilles, ou dix mille abeilles, donnent 1 kilo de miel dans un temps donné, vingt mille abeilles, ou deux kilos d'abeilles, ne donneront pas seulement 2 kilos dans le même temps, mais bien 4 kilos de miel. La progression continue de même dans des chiffres supérieurs. On doit donc moins se préoccuper de multiplier les essaims qu'à maintenir constamment forts ceux qu'on possède : les ruches ne se comptent pas, elles se pèsent. Ce fait, reconnu de tous, a porté grand nombre d'auteurs à recommander les réunions de ruches, au moment d'une floraison, afin de se procurer instantanément des masses de butineuses prêtes à se jeter sur les prairies, les arbres et les champs. Ce mode, déjà assez difficile, me semble peu rationnel. On sait que l'abeille ne vit, en temps de travail, qu'une trentaine de jours. Ainsi, les effets de cette première réunion dureront au plus pendant un mois. Cette force passagère qu'on aura procurée à ces ruches n'est pas inamissible. A la floraison suivante, il faudra recourir de nouveau à la réunion. A chacune de ces opérations, le rucher aura diminué de moitié; à la fin de l'année, il sera presque anéanti. Ce remède, pour fortifier les essaims, semble peu pratique, et je me garde bien d'en user. On n'aura pas besoin d'en venir à cette extrémité, en ayant recours au *nourrissage*, dont il va être question.

Quelques amateurs ont recours à un autre moyen aussi peu rationnel que celui des réunions, pour fortifier les ruches faibles, celui de *substituer* la ruche faible à la place qu'occupait une ruche forte ; recevant toutes les butineuses de cette dernière, elle en sera tout à coup fortifiée. C'est là une opération peu rationnelle, et, si le système des *réunions* détruit les ruchers, la *substitution* ruine les ruches ; en effet, la ruche, qui a perdu de ce fait toutes ses butineuses, s'en trouve affaiblie d'autant. On pourrait caractériser cette pauvre opération par le dicton vulgaire et dire que c'est déshabiller Jacques pour habiller Pierre. Au lieu d'une ruche forte, on aura deux ruches faibles, ce qui est à éviter. N'est-il pas plus rationnel de recourir au mode de nourrissage qui crée des abeilles et, par là, fortifie les ruches faibles sans en affaiblir aucune et sans diminuer le nombre des essaims du rucher ?

Il y a un autre fait reconnu de tous, savoir la fécondité presque incroyable de la mère abeille, qui peut, en certains temps, pondre plus de 3,000 œufs par jour. Il n'est pas rare de constater, au temps de la grande ponte, plus de 50,000 œufs pondus dans l'espace de 21 jours, après lesquels l'éclosion de la larve a lieu, et une génération cède la place à une autre qui la suit. L'apiculteur a donc en cette fécondité le moyen de se créer des populations colossales propres à enlever les récoltes qui s'offrent aux champs. Mais voici où les difficultés commencent. Il existe un rapport exact entre la ponte et la récolte. Quand la récolte commence, la mère commence sa ponte ou l'active considérablement ; quand l'une finit, l'autre finit aussi ; les intermittences sont les mêmes et coïncident dans le même temps. De ce fait, surgit une grande difficulté, savoir que, lorsque les champs sont en fleurs, l'apiculteur n'a pas besoin de couvain, quelque abondant qu'il soit, mais de nombreuses ouvrières qui aillent à la récolte.

Il faudrait pour cela que la ponte de la mère précédât la floraison, au lieu de l'accompagner et de coïncider avec elle. En effet, ce couvain qui naît pendant la récolte est plutôt un inconvénient qu'un avantage, car il retient au logis une foule d'abeilles couveuses et nourricières qui seraient bien

plus utilement employées à butiner. En-
suite, ce couvain va éclore à la fin de la
floraison, de sorte qu'au lieu d'avoir con-
couru à augmenter les provisions, il les a
diminuées d'autant, et va continuer à les
faire disparaître. Ce sont des conviées, mais
arrivées trop tard, et quand la table était
desservie et les fleurs flétries. On ne voit,
de cette sorte, de nombreuses populations
qu'aux époques intermédiaires, entre deux
floraisons, et non au moment précis où leur
concours serait précieux ; les travailleuses
abondent quand il n'y a plus de travail et
ne s'occuppent qu'à vider les magasins.

L'apiculture rationnelle s'est appliquée à
vaincre la difficulté ; elle a recours, pour
cela, au nourrissage artificiel, essaye de
tromper la mère, de lui faire une récolte
anticipée qui la mette en ponte une qua-
rantaine de jours avant la floraison présu-
mée qui arrivera plus tard. Dans ce cas, la
ponte précède la récolte et ne coïncide pas
avec elle ; le nombreux couvain sera prêt à
éclore au début de la floraison, et on aura
obtenu ainsi la condition exigée, celle d'une
forte population au moment le plus favo-

rable. La déduction pratique de cette théorie
est qu'il faut placer un nourrisseur avec
sirop dans le trou qui existe sur le couvercle de la ruche. La quantité de sirop à
donner varie selon l'état des provisions de
la ruche. Quelques cuillerées suffisent s'il
s'agit uniquement de provoquer la ponte,
et si la colonie se trouve d'ailleurs bien
pourvue de miel, ce qu'on aura constaté à
la visite de nettoyage faite auparavant. Mais
si les provisions manquent, il y a à pourvoir à deux besoins, dont le plus impérieux
est d'alimenter la population aux abois, et,
par contre-coup, on stimule aussi la ponte.
Ce nourrisseur se place à la meilleure heure
du jour, et quand on peut espérer que le
froid n'empêchera pas les abeilles de prendre
le sirop. On peut, du reste, au cas où on
en douterait, ne donner qu'une ou deux
cuillerées de sirop, et, si elles le prennent,
on compléterait la ration. L'abeille n'est pas
gaspilleuse, il n'y a donc pas à user de par-
cimonie avec elle. Tout le miel reçu sera
bien employé et elle rendra au centuple
l'emprunt qu'elle nous aura fait. Le nourrisseur commencera à fonctionner une qua-

rantaine de jours avant la première floraison. Dans notre région de culture de colza, dont la fleur se montre dès les premiers jours d'avril, nous commençons à préparer . les colonies dès le commencement de mars.

Le sucre est, dit-on, préférable au miel pour sirop, il est plus stimulant, plus chaud, surtout pour le premier printemps où les ruches ont besoin d'être tonifiées par un aliment moins aqueux.

On fait fondre 1 kilo de sucre dans 560 grammes d'eau. Avec moins d'eau, il y aurait danger que le sucre ne se cristallisât. On ne le laisse bouillir qu'un instant. Quand la température s'est adoucie, on peut substituer le miel au sucre, si on y trouve avantage. Au sortir de l'hiver, ce sirop doit être donné un peu chaud ; les abeilles le prendront plus vite, s'il a été aromatisé avec une cuillerée à bouche d'alcool ou une pincée de menthe poivrée.

Une revue apicole donne le composé suivant d'un sirop dont elle dit beaucoup de bien, on peut essayer sur son autorité. Voici la recette : Faites bouillir 6 kilos de sucre avec 3 kilos d'eau, jusqu'à ce qu'il soit

dissout. Puis retirez du feu et ajoutez
1 kilo de miel en mélangeant le tout. Les
proportions sont donc : eau, 3 — sucre, 6 —
miel, 1. Ce sirop, dit-on, est aussi épais que
le miel, ne cristallise pas par le froid, et se
conserve longtemps.

Quand les abeilles trouvent à butiner,
elles dédaignent le nourrisseur ; il y a lieu
de surseoir à ce service.

Dans les contrées où l'on cultive le sar-
rasin, il est bon de recourir à la même préparation des ruches un mois avant cette
floraison. On s'en trouvera bien. Il faut
donc que chacun connaisse la flore de son
pays pour appliquer à propos les conseils
de l'apiculture rationnelle.

6e LEÇON

La Récolte.

Au mois d'avril, la mère étend sa ponte sur un grand nombre de rayons, il ne faut pas l'en laisser manquer. Dès que le dernier est rempli de couvain ou de miel, on le fait descendre pour en placer un nou-veau, ainsi de suite, tant que la ruche pré-sente du vide. On peut commencer à ex-traire les cadres pour les passer à l'extrac-teur, aussitôt qu'on en trouve qui n'ont que du miel, sans œufs de couvain, ni larves plus ou moins avancées. En moins d'une semaine, ces rayons, vidés et rendus aux abeilles, pourront souvent être de nouveau passés à l'extracteur. Il n'est pas besoin d'attendre que ce miel soit operculé pour l'extraire, il suffit qu'il tienne bien dans les alvéoles, qu'il ne soit pas tellement aqueux qu'en inclinant le rayon il ne coule comme de l'eau, ce qui arrive quelquefois après des jours fort pluvieux. A part cet état de miel trop liquide, dès qu'il a tant soit peu la consistance du sirop, on doit l'extraire et ne pas attendre que les abeilles le cachètent, ce qui leur prend beaucoup de temps. Plus la cire des rayons est jeune et fragile, plus on doit ralentir le mouvement de l'extracteur. Il est même alors à propos de ne vider la première face du rayon qu'à moitié, puis on le retourne afin de vider la face opposée entièrement, et on revient achever de vider le premier côté qui avait été commencé ; on évite ainsi de briser les rayons.

Cela demande de l'attention, un peu d'adresse, et si, malgré toutes les précautions, un rayon vient à se briser, comme cette bâtisse en cire est très précieuse en temps de récolte, il faut le rajuster et le soutenir avec de la ficelle, puis le rendre aux abeilles qui le ressouderont.

Il est à propos de renverser les rayons

en les plaçant dans la cage de l'extracteur, car si on leur conserve la même situation que celles qu'ils ont dans la ruche, la direction des alvéoles, s'élevant quelque peu du dedans au dehors, imprime une projection conforme, et il en résulte comme une pluie de gouttes de miel qui se perdent dans l'air et dont les vêtements sont imprégnés; mais, si le cadre est placé dans la situation contraire, ces gouttelettes sont retenues dans le fond de l'extracteur.

Avant de placer un rayon dans la cage de l'extracteur, il est nécessaire d'inspecter les deux faces et de désopérculer avec soin toutes les parties qu'on trouverait operculées, car, sans cela, le mouvement le plus rapide imprimé à l'extracteur ne parviendrait pas à extraire ce miel cacheté.

Si on n'a pas d'extracteur, il faut se borner à cultiver le miel en rayons. On place la grille à la suite du couvain, quand la ruche a déjà reçu une douzaine de rayons, et on donne aux abeilles des cadres vides à bâtir dans le magasin. Ces cadres doivent être amorcés; pour cela, on frotte avec de la cire le dessous de la traverse supérieure du cadre en la présentant à une bougie, puis on colle, contre cette cire fondue, un morceau de rayon qu'on a en réserve. Avec cette indication, les abeilles bâtiront régulièrement.

On ne retire le miel en rayons du magasin que quand il est entièrement operculé ou cacheté, ce qui prend beaucoup de temps. Aussi récolte-t-on moitié plus de miel par l'extracteur qu'en rayons ; mais, d'autre part, le miel en rayons se vend plus cher.

Le miel d'extracteur, ainsi obtenu à froid, est du miel surfin, du miel vierge en totalité, quelque noirs que soient les rayons dont il a été extrait. Il se conserve bien et longtemps. On doit éviter de le déposer dans une pièce trop chaude ou humide ; un lieu sec et frais est préférable. Il faut aussi le garder couvert, sans cela il s'évente et perd de ses qualités. On le recouvre d'une feuille de papier trempée dans l'eau-de-vie, et on place par dessus un gros papier qu'on attache autour du vase.

On lit dans les traités qu'il ne faut prendre du miel qu'avec prudence pendant les

récoltes. Ce conseil est sage s'il s'agit d'une
région où il n'y a qu'une seule récolte par
an, ou s'il est question de la dernière récolte de l'année, là où l'on en compte plusieurs. Hors de ces deux cas, il n'y a pas
de danger à prendre aux abeilles tout le
miel disponible ; plus on leur en ôte et
plus elles en récoltent. Ce sont elles qui
donnent le signal de s'arrêter, car, aussitôt qu'une floraison est près de finir,
la récolte s'arrête soudain dans toutes
les ruches. L'activité, l'animation des
abeilles continue pourtant, mais le résultat n'est plus le même, la récolte est
finie, il faut nécessairement s'arrêter. Elles
continueront à recueillir pour leur entretien pendant le cours de l'été, mais on ne
peut rien leur ôter, jusqu'à une nouvelle
floraison. Ce fait d'observation me porte à
ne pas donner grande importance à ce que
disent plusieurs touchant les ruches fortes
et les ruches faibles. Pendant la floraison,
toutes les ruches sont fortes ou le deviennent bientôt. Si quelques-unes sont et res-
tent faibles, cela tient à des causes particu-
lières que l'apiculteur peut constater et

auxquelles il doit remédier. Pendant une floraison, toutes les ruches sont donc fortes, et toutes s'arrêteront de produire sitôt que cette fleur principale, qui est comme le fond de la récolte, finira. Il n'y a donc pas tant à parler des ruches très fortes qui seules donnent, dit-on, de très fortes récoltes. Je le répète, quelque forte que soit une ruche, elle doit s'arrêter de produire aussitôt la floraison finie. Il y aura pourtant encore bien des fleurs, mais elles suffiront à peine à leur entretien, et, si on réunissait alors plusieurs ruches afin de former une population colossale, on n'obtiendrait pas la reprise de récolte sur laquelle on aurait compté. Il faut donc, pour toute récolte, non seulement une ruche en bonne condition, mais encore une vraie floraison aux champs. La plus forte population ne fera pas que les fleurs, qui suffisent à peine à l'entretien, se changent en récolte.

Lors de la dernière récolte, on ne peut enlever tout le miel comme dans les précédentes, il faut réserver 10 à 12 kilos de miel pour l'hiver. On laisse à cet effet, au centre de la ruche, 6 à 7 rayons dont les abeilles operculeront le miel, et qui formeront leur réserve hivernale. On se contentera de passer à l'extracteur les cadres placés dans les côtés. On ne peut donc récolter avec indiscrétion dans cette dernière floraison comme dans celles qui ont précédé. La même réserve est commandée dans les pays où on n'aurait qu'une seule récolte ou floraison.

———

7ᵉ LEÇON

Les Essaims.

———

Pendant les mois de grande ponte, en avril, mai, juin, en visitant les ruches, il arrive qu'on voit sur certains cadres des berceaux maternels ou alvéoles renfermant des larves destinées à devenir de jeunes mères. Si la ruche n'offre pas, en même temps, du couvain de tout âge, ces berceaux isolés sont un signe que la ruche est orpheline et que les abeilles sont en voie de se préparer une mère. Mais si, outre ces alvéoles maternels, on voit du couvain sur d'autres rayons ou sur ce même cadre qui contient les berceaux en question, c'est un signe que la colonie se prépare à essaimer. En ce cas, si on désire

augmenter le nombre de ses ruches, le moment est favorable ; il faut prendre un des
rayons portant un ou plusieurs berceaux
maternels et le placer dans une ruche vide ;
puis on secoue dessus les abeilles de trois à
quatre autres rayons empruntés à une ou
plusieurs ruches ; elles couveront celui qui
contient le berceau de mère ; après que ces
abeilles sont tombées dans la nouvelle
ruche, on rend les rayons sur lesquels
elles étaient à la ruche qui les a fournis,
ainsi que le berceau maternel. Voilà un nouvel essaim à l'état d'enfance. Il faut fortifier
cette ruchette. Quelques jours après sa formation, on ajoute un rayon bien garni de
couvain operculé et débarrassé préalable-
ment des abeilles qui le couvrent. Après le
même espace de temps, nouvelle adjonction
d'un rayon à couvain operculé. En un mot,
on ne doit pas supporter qu'un jeune essaim soit longtemps à se fortifier. Ceux que
nous préparons prennent part à la récolte
aussi bien que les ruches mères, un mois
après leur formation. Nous employons pour
cela l'adjonction de quelques cadres à couvain operculé empruntés à d'autres ruches,

et nous ajoutons successivement des rayons bâtis, ce qui est une grande avance pour accélérer le développement. Un essaim fait dans ces conditions vaut mieux que plusieurs dont la croissance est lente et toujours incertaine. On s'expose à arriver à l'hiver sans qu'ils aient achevé de s'approvisionner. On doit, pendant le temps de formation, faire fonctionner le nourrisseur selon le besoin. Il faut que le dernier cadre, le plus rapproché de la planche mobile de division, contienne toujours du miel. Ce cadre peut être regardé comme régulateur à cet égard et révéler le besoin de l'essaim.

En somme, il n'y a pas à compter les essaims qui ne font que nombre. On ne doit en faire qu'avec la pensée arrêtée de les rendre forts sans perte de temps. Les non-valeurs sont préjudiciables sous tous les rapports.

Pendant les six mois apicoles, l'apiculteur doit avoir l'œil ouvert sur tous ses essaims. Si l'on en voit un dont l'activité diminue sensiblement, en comparaison des voisins dont le vol est bien plus accéléré et abondant, il y a à ouvrir cette ruche, et, si on n'y trouve pas du couvain fraîchement pondu, c'est signe qu'elle est orpheline ; il y a à lui procurer un rayon qui contienne du couvain de tout âge, et, si la saison des bourdons n'est pas finie, les abeilles se feront aussitôt une mère, et toute perte sera réparée. Si la saison est trop avancée et les bourdons disparus, le mal ne peut être réparé ; il faut réunir cette colonie à une autre. C'est le seul cas où l'opération d'une réunion soit nécessaire.

Pour réunir deux colonies, on les enfume jusqu'à bruissement, on les asperge avec du miel liquide, puis on secoue successivement les cadres des deux ruches dans une vide qui reçoit la réunion. Mieux vaut secouer les abeilles dans cette ruche que de juxtaposer les cadres tels qu'on les a retirés de leur place respective; les populations se mêleront mieux et tout combat sera évité. On termine par jeter encore de la fumée, fermer la ruche et l'opération de réunion est finie. On laissera dans la nouvelle ruche les cadres à couvain, avec une dizaine de kilos de miel. Les rayons qui ne pourront y entrer seront passés à l'extracteur et gardés en réserve. Les rayons qui contiennent du pollen doivent ne pas hiverner hors des ruches, car ils moisissent facilement au dehors, et, du reste, les abeilles ont besoin, en tout temps, d'être alimentées en pollen autant qu'en miel.

8e LEÇON

Le Rendement.

———

Après. — Nous avons exposé la méthode à suivre et indiqué les opérations à accomplir, suivant leur ordre naturel, pendant une floraison. On se doit comporter de la même sorte pendant les floraisons suivantes. Il faut que la flore d'un pays soit bien pauvre pour ne pas offrir au moins deux saisons ou deux récoltes, l'une au printemps, et l'autre en automne, époque des blés noirs, des bruyères, aster, etc. La première se prolongera souvent jusqu'au milieu de l'été, ce qui équivaut à une seconde floraison. Ainsi, on peut dire qu'il n'y a pas de mauvaise année pour l'apiculture rationnelle. Nous ne comptons pas les récoltes par année, mais par saison. Quand les trois floraisons du printemps, de l'été et de l'automne réussissent, le miel coule à pleins bords, le temps est à souhait, et les récoltes sont splendides, débordantes. Mais, sans prétendre à une si bonne fortune que celle de trois récoltes successives dans une même année, il nous suffira d'une seule saison favorable pour que l'année soit encore bonne, quoique relativement plus faible que lorsque le temps nous sert à souhait. Il est si rare que le printemps, l'été et l'automne soient défavorables dans une même année ! Celle qui vient de finir est un exemple de ce que j'avance : les fleurs d'été et d'automne ont fait défaut, la sécheresse persistante a tari les sources du miel pendant les derniers mois de 1885. Mais le printemps nous avait gratifié d'un temps superbe, et nous l'avons mis à profit. Le cadre mobile et l'extracteur ont fait merveille alors. En moins de deux mois, du 23 avril au 15 juin, nous avons pu retirer de chacune de nos ruches plus de 40 kilos d'un excellent miel de printemps qu'on sait être le plus parfumé, le plus hygiénique. Cette année

1885 a donc été bonne pour nous et sans doute pour tous les partisans de l'apiculture rationnelle qui auront opéré suivant notre méthode, tandis qu'elle a été mauvaise, désastreuse pour la foule des routiniers et des possesseurs de ruches à rayons fixes. Non seulement ils n'ont rien récolté, mais ceux qui n'ont pas eu soin de nourrir leurs abeilles en hiver, ce qui est une mesure désespérée, ont éprouvé une mortalité considérable. Il est donc évident qu'il y a là une question de méthode, de système. Nous avons pu, au printemps, vider les cadres mobiles et disponibles de nos ruches jusqu'à six fois, tandis que les cultivateurs nos voisins ont laissé passer le moment favorable. Leurs ruches devaient être remplies de miel comme les nôtres au printemps, car s'il y avait des fleurs pour nos abeilles, sûrement il y en avait pour les leurs, mais leurs malheureuses habitudes traditionnelles de fixistes ont fait tout le mal.

Or, il y a longtemps que les choses se passent ainsi ; rien n'est résistant comme la routine ! Pourtant la flore de notre région n'est pas plus riche que celle des pays voisins, notre climat n'est ni plus doux, ni plus mielleux. Ce n'est pas dans notre Mâconnais que les poètes ont placé leur mont Hymette où, selon eux, les abeilles préparent le miel réservé pour la table des dieux. Non, nous n'avons à prétendre à aucun privilège sous ce rapport. Je le répète, il n'y a en tout cela qu'une question de méthode. C'est pourquoi j'engage tous ceux qui liront ces quelques pages à ne pas différer davantage à rompre avec le système arriéré, encore trop incrusté chez nos paysans. Qu'ils essayent sur deux ruches, cela ne les engage pas beaucoup. Deux ruches se prêtent un mutuel secours, si l'une d'elle vient à perdre sa reine, elle empruntera un rayon à couvain de tout âge à sa voisine et tout le mal sera réparé; elles peuvent ainsi vivre indéfiniment. De plus, deux ruches sont plus que suffisantes pour fournir à la consommation d'une famille, serait-elle chargée de nombreux enfants. On sait pourtant comment ces aimables consommateurs avancent quand ils sont attelés à pareille besogne. La dépense de ces deux ruches, une fois faite, ne se renouvelle plus.

Il faut ajouter les frais d'acquisition de l'extracteur, qui est le complément obligé de la ruche. Autrefois, c'était là un obstacle fréquent à l'introduction du système avantageux d'apiculture rationnelle. Mais cet obstacle est presque nul depuis que nos ouvriers ont eu la bonne inspiration de construire de petits extracteurs pour deux rayons, ce qui les met à la portée des plus humbles ménages, ceux qui nous intéressent surtout. Du miel, et quel miel ! en abondance dans ces modestes habitations ! Procurer de telles friandises aux pauvres qui ne se seront jamais trouvés à pareil festin ! C'est une joie que nous ambitionnons comme la meilleure récompense de nos études et de nos travaux apicoles.

Cire. — L'apiculture rationnelle prescrivant la conservation des rayons aussi longtemps qu'ils peuvent servir, ne procure pas beaucoup de cire. Toutefois, en remplaçant toutes les parties cornées, supprimant les fragments hors d'usage, trop vieux et trop noirs, économisant cette substance si précieuse, on parvient à se procurer par là un nouveau produit du rucher qui a une assez grande valeur. La cire a un prix particulier au point de vue de l'exercice du culte sacré. Cette considération fait que j'aime à rencontrer les abeilles partout, mais j'aime particulièrement les voir installées dans les jardins des presbytères. Elles sont bien là chez elles, dans ces pures et austères solitudes remplies de la pensée de Dieu, à l'ombre du saint lieu dont elles sont appelées à rehausser les fêtes par leur travail industrieux. L'Église les a comme consacrées au culte, elle les chante dans sa liturgie, leur confère le privilège exclusif d'illuminer l'autel pendant les saints mystères. Les abeilles témoignent de leur côté leur reconnaissance pour l'honneur que l'Église leur fait en lui abandonnant le riche produit de leur cire dans toute sa pureté. Il est regrettable qu'elle soit partout altérée et falsifiée par des mélanges étrangers qui nuisent beaucoup à son prix. Ne serait-il pas à souhaiter que tout prêtre possesseur d'un rucher fît lui-même ses bougies d'autel? Il y trouverait une économie considé-

rable. Le commerce offre pour cela des
moules bien faits et qui rendent cette opération très facile. Ce sera là le seul moyen
de remplir les prescriptions de la liturgie,
de préserver le sanctuaire de l'odeur infecte
du suif, de la stéarine et huiles nauséa-
bondes. Si la quantité de cire qu'on récolte
est peu abondante, au moins suffira-t-elle
souvent pour l'entretien du luminaire pendant les offices liturgiques, tels que la sainte
messe, les bénédictions et expositions du
Saint-Sacrement. Il faudrait respecter ces
heures privilégiées et maintenir le symbo-
lisme que l'Église attribue à la vraie et pure
cire. La cire est l'image de la vie chrétienne
qui doit se consumer au service du Christ ;
la flamme est l'âme de cette vie par la foi
et le feu de la charité, et la chaste cire des
abeilles est la chair ou corps qui doit se
consumer par la mortification.

Je suis loin d'avoir tout dit. On a beaucoup écrit sur l'apiculture; je ne prétends
pas avoir dit *mieux*, mais *autrement* et
d'une façon plus pratique. Beaucoup d'amateurs se plaignent de ce qu'ayant lu et relu

les traités les plus en renom, quand le moment d'agir est venu, ils ne savent comment s'y prendre. Or, c'est à ce *moment* que j'ai voulu aborder l'opérateur, lui mettre l'instrument en main, l'aider à appliquer quelques règles en petit nombre, mais suffisantes, puisque, sans autres secours, elles mènent au succès.

Ceux qui en feront l'application se convaincront de plus en plus que ce petit livre est le vrai manuel pratique pour tous.

Que saint Joseph, dont l'Eglise célèbre en ce jour la fête, bénisse ce travail entrepris pour venir en aide à des pauvres dignes du plus grand intérêt et qui souffrent persécution pour la justice.

Ce 19 mars 1886.

APPENDICE

A LA BROCHURE

VINGT ANS AUPRÈS D'UN RUCHER

———

La partie instrumentale occupe une grande place dans tous les traités d'apiculture. C'est avec raison, car des instruments bien étudiés et bien construits aident beaucoup au succès. Mais s'il y a matière à faire un volumineux *Syllabus* des propositions irrationnelles inutiles semées dans ces livres, on peut en dire autant au sujet des instruments offerts par l'industrie. Beaucoup sont inutiles, et parmi ceux qui sont indispensables, il y a lieu de les soumettre à un contrôle sévère, non pas tant sous le rapport de leur construction matérielle défectueuse, que parce qu'étant mal étudiés,

7

ils ne remplissent pas leur destination et
nuisent plutôt à l'exécution des opérations
qu'ils ne lui servent. Malheureusement le
commerce en ce genre est à peu près irres-
ponsable; on ne peut juger de l'utilité de
ces offres, vu la distance et les conditions
dans lesquelles elles se produisent. C'est
donc une question de confiance, et on ne
saurait dire combien de fois cette confiance
a été surprise.

Nous avons d'abord à faire nos réserves
touchant le grand nombre d'instruments
qui remplissent les catalogues. Quand on a
nommé la Ruche, l'Extracteur, l'Enfumoir,
on a dit à peu près tout le nécessaire de
l'apiculture rationnelle; l'amateur peut se
suffire à lui-même pour le reste. Il pourra
joindre à la collection de ces trois instruments indispensables quelques petits articles, tels qu'un *couteau* à désoperculer les
rayons, un *nourrisseur* utile en quelques
cas; et c'est tout. Ce n'est pas ainsi que l'en-
tendent les marchands d'instruments apicoles; il n'y a qu'à parcourir leur catalogue
pour être en droit de dire en visitant cette
exposition : que de choses dont je n'ai que

faire! Il est donc sage de concentrer ses dépenses sur les quelques pièces indiquées ci-dessus au lieu de les éparpiller sur une foule d'inutilités; d'ailleurs la nécessité rend industrieux; on apprend à voler de ses propres ailes et, dans une foule de cas, on improvise l'instrument requis au moment, en utilisant le premier objet qui se présente sous la main. Mais si on a d'abord à se garantir du nombre, il est plus nécessaire encore de se défier de la qualité des instruments offerts par les industriels. Que d'exemples je pourrais citer à l'appui de ce conseil! Je me contente d'exposer ma dernière déception en ce genre. Un catalogue d'instruments apicoles m'ayant été envoyé de Paris, publié sous le nom d'un professeur d'apiculture, portant pour titre : *premier établissement d'apiculture rationnelle*, etc., je visai une annonce conçue en ces termes obscurs : *crampons d'équerre pour maintenir les cadres séparés*. Cette question des arrêts séparatifs m'ayant longtemps occupé, la curiosité me porta à vouloir connaître comment la difficulté avait été vaincue par de plus ingénieux que moi. Le chic parisien devait se révéler dans ces crampons comme en beaucoup d'autres articles. L'étiquette me semblait étrange, mais je me rassurais en pensant qu'un professeur d'apiculture, une maison de commerce, *premier établissement d'apiculture rationnelle*, ne voudraient pas se discréditer en propageant des idées absurdes ; évidemment, me disais-je, cela doit porter le cachet du bon sens ; d'autant plus que la maison n'expédie que contre mandat, ce qui exige du client une confiance absolue, mais par là même engage davantage encore la responsabilité de l'expéditeur. Je demande donc l'objet en question. Après plus d'un grand mois d'attente et plusieurs lettres de rappel, témoignant de mon vif désir de faire connaissance avec les mystérieux crampons, je reçois un cent de longues pointes mesurant chacune 12 centimètres de longueur. Je me fatiguai fort pour deviner l'application de ces pointes. Ma sagacité se trouvant en défaut et ma patience à bout, j'écris à mon expéditeur pour le prier de me donner la solution de l'énigme ; mais le dit professeur est membre de l'académie silencieuse, et malgré qu'il exige deux timbres de la part de ses correspondants pour chaque réponse qu'on lui demande, il s'obstina à se renfermer dans un silence prudent, retenant à la fois et ses paroles et mes timbres. Heureusement un voisin, habile à deviner les logogriphes, vint à mon aide et, grâce à lui, je parvins à saisir l'application peu ingénieuse et passablement absurde des crampons. Il y avait à plier en deux chacune de ces longues pointes, puis les enfoncer dans les parois de la ruche, de façon à ce qu'il y eût entre elles un centimètre d'espace formant arrêt séparatif, et qu'elles fissent saillie dans l'intérieur de près de 2 centimètres. On comprend le piquant de l'idée et mon bonheur de posséder cette invention ! Je ne sais si l'inventeur a pris un brevet pour la chose. Pour moi, content, comme on peut juger, de cette mystification, je mis à *l'index* professeur, maison de commerce et le reste, assez mal inspirés pour servir, contre mandat, de telles excentricités à leur trop confiant public. Osez dire, cher lecteur, que cette trouvaille ne mérite pas d'être inscrite à *l'index* apicole ! Je n'avais qu'à exécuter la prescription parisienne et j'obtenais quatre rangées de clous à l'intérieur de la ruche, avec la faculté de déchirer mes mains contre ces 128 clous à chaque opération.

Tous trouveront, comme moi, qu'il y a déjà assez de piquant dans les dards de 30 à 40 mille abeilles de la ruche, sans y ajouter de surcroît, ces séries malencontreuses de pointes.

Du reste, ces crampons n'eussent-ils pas eu les inconvénients que je viens de dire ; eussent-ils été inoffensifs, qu'ils étaient encore irrationnels par la place qu'ils devaient occuper. On doit, en effet, considérer comme défectueuse et irrationnelle toute construction dans laquelle les arrêts séparatifs, qu'ils soient en bois ou en fer, adhèrent au corps de ruche, au lieu de tenir aux cadres. On sait, en effet, que les rayons construits par les abeilles diffèrent entre eux d'épaisseur ; autre l'épaisseur des rayons à couvain, autre celle des rayons à miel. Ces derniers sont quelquefois tellement lourds et épais qu'ils envahissent les passages. Quand je rencontre de tels rayons, j'ai bientôt fait de leur donner la place qu'ils exigent, en faisant reculer les voisins; mais comment pratiquer cette chose si simple, quand resserrés entre des arrêts fixés au corps de ruche, ces cadres se trouvent retenus comme dans une gaîne qu'on ne peut élargir selon le besoin ? Comment extraire ces rayons sans les déchirer contre ces arrêts disparus dans l'épaisseur de la cire, sans faire couler le miel dans la ruche avec tous les inconvénients qui en résultent pour le couvain, les abeilles et l'opérateur condamné à voir déformer par là ses beaux rayons de miel.

L'exemple que je viens d'apporter en preuve des désagréments causés par des instruments mal étudiés et mal construits, pourrait être suivi de bien d'autres. Nous avons été amenés, en effet, à collectionner une foule d'objets bizarres en fait de ruches, enfumoirs, nourrisseurs, etc., achetés sur la foi aux catalogues; cela forme une sorte de musée excentrique dont nous offrons de faire les honneurs à ceux que cela peut intéresser. Ils y verraient une riche variété d'instruments impossibles. Concluons de ce long exposé que c'est un fort triste et

déloyal présent à faire aux amateurs que
de leur offrir un instrument dont on ne
peut justifier à la fois et le bon emploi et
la parfaite exécution ; qu'il est mal de trai-
ter les absents, qui ne peuvent se servir et
juger par eux-mêmes, comme on ne voudrait pas être traité soi-même en pareil cas.

Je crois pouvoir dire que nous nous
inspirons de ce devoir, et que ce sera
toujours à notre grand regret qu'une
négligence, si petite soit-elle, pourrait être
constatée. Indépendamment des soins que
nous apportons à toutes les pièces contenues
dans la ruche et qui sont de notre ressort
exclusif comme apiculteur, nous veillons,
comme représentants de nos correspon·
dants, à la bonne confection du matériel des
instruments. Pas la moindre défectuosité
qui ne soit de notre part l'objet d'observations que nos ouvriers respectent toujours.
Aussi, s'ils ont pu commettre quelque
négligence au début, alors qu'ils ne s'étaient
pas encore fait la main à ces travaux
minutieux et délicats, nous pouvons leur
rendre le témoignage que leur travail est
maintenant de tout point satisfaisant.

Les ruches, telles qu'ils nous les livrent, ont un fini qui en ferait presque des objets d'exposition. Toutefois, il va de soi que les destinataires doivent pourvoir, par tous les moyens que leur intérêt leur suggèrera, à la bonne conservation des articles qui leur sont expédiés, les mettre à l'abri de l'action du soleil et de la pluie. Si ces ruches devaient être à l'air, elles devraient alors être construites à double paroi, avec intervalle garni de paille hachée, et un toit en zinc à double versant. Mais, en ce cas, le prix ne serait plus celui des ruches à simple boîte.

Il y aurait encore beaucoup à dire touchant les ruches. Le fond est le même pour toutes, savoir la mobilité des rayons; mais chaque amateur a brodé plus ou moins heureusement sur ce fond commun, et il ne faut accueillir les prétendues améliorations qu'ils attribuent à leur ruche que sous bénéfice d'inventaire. J'ai usé de ce droit et je crois que les améliorations introduites dans la nôtre lui assurent une supériorité réelle sur celles fort nombreuses auxquelles nous avons pu la comparer, quelque nom retentissant qu'on leur ait fait: C'est ici une question de bon sens pratique et d'expérience acquise.

Cela dit, je livre les instruments apicoles que nous expédions au contrôle de tous et à la libre discussion. Comme pourtant nul n'aime à être condamné sans être entendu, malgré ma volumineuse correspondance, je me ferai toujours un devoir et un plaisir de répondre, autant que je le pourrai, à toute lettre portant timbre de réponse et aux questions qui me seraient faites.

J'ajoute que si la ruche est indispensable pour l'application du système rationnel, il n'en est pas de même de tout ce dont on la surcharge souvent Aussi ne suis-je pas partisan des hausses, greniers, boîtes, calottes qui lui sont annexées. Cela ne fait que gêner l'opérateur.

L'apiculture rationnelle étant essentiellement fondée sur le cadre mobile, tout ce qui rend le fonctionnement de ce dernier difficile ou impossible est contraire à la bonne application du système.

J'ai déjà fait valoir ce motif pour condamner les ruches qui s'ouvrent par le côté, à cause que cela rend l'extraction des cadres tellement difficile qu'ils deviennent de ce fait immobiles, et dès lors autant vaut la ruche à rayons fixes. J'invoque la même raison pour rejeter tous les obstacles qui empêchent d'ouvrir la ruche par le dessus. Si la partie supérieure est chargée de boîtes, comment retirer les cadres? Ne sont-ils pas immobilisés de ce fait? En temps de récolte, nous avons à les retirer chaque semaine; comment cette opération serait-elle compatible avec les obstacles accumulés sur le couvercle? Concluons que rien ne doit gêner la mobilité des cadres et la liberté de leur extraction, sans quoi nous sortons du mobilisme et retombons dans la fixité, et cela sans motif, car on peut obtenir dans la ruche même tous les avantages qu'on se propose de retirer par l'addition des boîtes qui ne sont que des hors-d'œuvre encombrants. Les Américains, fort partisans pourtant du mobilisme, ont le tort de donner dans cette contradiction, et, de plus, leurs boîtes vitrées ne se donnent pas gratuitement et augmentent de ce fait le prix de revient.

On voit annexé à notre ruche un châssis vitré. Il sera bien venu de tous ceux qui aiment à suivre le progrès des travaux intérieurs et celui de la récolte sans ouvrir la ruche. C'est comme un point d'observation d'où on peut decouvrir ce qui se passe non seulement dans cette ruche, mais même dans tout le rucher, par analogie. Quant à ceux qui n'y chercheront qu'une distraction, il leur plaira d'assister au travail des abeilles sans danger aucun. C'est un détail agréable, mais c'est tout. Car s'il est à propos d'avoir une ruche munie de sa vitre pour conjecturer de l'état général du rucher, il est assez inutile, au cas où on en ferait construire d'autres sur ce modèle, de reproduire cette pièce; quand on peut et qu'on doit visiter tous les cadres pour se rendre compte de l'état général de la population, voir la mère, le couvain et tout le contenu, il est assez inutile de recourir à une vitre qui ne donne jour que sur le dernier rayon. Donc une vitre, et c'est assez, pour tout un rucher.

Quant à la grille en tôle perforée, nonobstant la crainte que j'ai exprimée à la page 54, touchant l'emploi du métal, je crois

devoir pourtant recourir à ce dernier,
comme on l'a fait partout jusqu'à présent.
Il est si difficile d'obtenir des ouvriers une
précision de millimètres telle qu'il la faut
pour assurer le succès des opérations auxquelles cette grille est destinée, que je crois
prudent de recourir à l'emporte-pièce. Au
reste, l'effet du métal, en prenant quelques
précautions, n'est pas tel qu'il faille le redouter au point de rendre cette grille inutile.

L'Extracteur. — Tout catalogue apicole
pourrait se réduire à la ruche et à l'extracteur. On peut suppléer avec plus ou moins
de facilité à tous les autres instruments,
mais la ruche et l'extracteur sont vraiment
indispensables au succès.

Depuis la publication de mes *Vingt Ans*,
beaucoup de demandes d'extracteurs nous
ont été adressées. Pour répondre à cette
confiance, nous avons frappé à toutes les
portes, dans la pensée de trouver une
maison à laquelle nous pussions passer
toutes les demandes qui nous arrivent.
Nous nous sommes mis en relations avec

Paris, Bordeaux, Strasbourg, etc. Nous avons étudié, comparé entre eux les dessins d'extracteurs qui nous ont été adressés. Nous pouvons donner les noms de ces mécaniciens à ceux qui le désireraient. Mais notre responsabilité se trouvant engagée dans la question, et ne pouvant garantir la solidité, le bon fonctionnement de travaux faits à distance par des inconnus, et qu'il est impossible de vérifier, nous avons engagé un honorable mécanicien de notre ville à servir nos correspondants touchant cet article. Son intelligence professionnelle et sa probité bien connues, l'importance de son atelier et des travaux qui s'y exécutent nous offrent la plus complète garantie. J'ai la confiance que tout ce qui sortira des mains de cet honorable constructeur-mécanicien portera le cachet d'une fabrication irréprochable. Le mécanisme de cet instrument est fort ingénieux ; il fonctionne rapidement, se prête à tous les mouvements nécessaires pour l'extraction du miel, le nettoyage, le placement des rayons à vider, etc. Il offre, sous ce dernier rapport surtout, un avantage à apprécier, celui

de pouvoir être employé non seulement
à vider les rayons contenus par les
cadres mobiles, mais encore tous ceux ré-
coltés dans les ruches fixes et divisés en
fragments de toute dimension. On arrivera
par là à changer le miel contenu dans ces
débris, qui eût perdu ses qualités sous le
pressoir ou à la chaleur du four, en miel
délicieux dans sa totalité.

N'est-ce pas là faire de l'apiculture rationnelle dans toute la signification du mot?

On sait, en effet, le mode employé dans
les campagnes pour extraire le miel des
ruches : on presse les rayons où se trouvent presque toujours des alvéoles remplis
de pollen. Une seule de ces cellules à
pollen suffit pour altérer le miel le plus
pur, lui communiquer un goût âcre, pâteux,
remplacer sa limpidité dorée ou sa blancheur par une couleur trouble et sale.
Qu'on juge de l'effet de milliers de cellules
mêlant leur pollen amer à ce miel! Mais il
n'y a pas seulement du pollen dans le mé-
lange, on y trouve encore abondamment
du couvain à l'état d'œufs, de larves, de
chrysalides. Tout est renversé pêle-mêle et

pilé de la façon la plus répugnante : gâteaux, couvain, pollen, miel, abeilles mortes ; ces matières animales donnent au miel une odeur acide et infecte. Enfin, pour achever de gâter ce plus doux des produits, on finit par mêler le poison à cette masse déjà si désagréable en y écrasant une quantité d'abeilles qui portent toutes, comme on sait, une vessicule remplie d'acide empoisonné, d'une odeur forte et pénétrante. C'est avec un pareil miel qu'on fabrique le pain d'épices et autres friandises à l'usage des enfants dont l'organisation est si sensible ! Ne serait-il pas temps de changer ces dégoûtants procédés d'extraction ?

Or, l'extracteur en question offre pour cela une facilité étonnante. Chacune de ses trois branches est garnie d'une grille qui reçoit à volonté ou les cadres mobiles ou les fragments et débris des ruches fixes. Tout le miel ainsi extrait est, dans sa totalité, du miel vierge et aussi pur que celui qui coulerait naturellement d'un rayon, sans pression aucune.

Voilà un avantage à faire apprécier aux possesseurs de ruches dont l'esprit est

fermé à toute innovation, qui s'obstinent à
conserver leur matériel apicole, quelque
suranné et irrationnel qu'il soit. Ils ont
adopté la devise des Andalous, savoir : que
*le plaisir de mieux être ne vaut pas la peine
de changer.* Soit, leur dirai-je, ne changez
pas vos habitudes, gardez votre ruche fixe :
avec elle, vous ne récolterez que peu de
miel, mais au moins que ce miel ne soit pas
gâté de votre fait. Il n'y a pour cela qu'à
porter les rayons extraits de vos ruches
fixes chez le voisin possesseur d'un extracteur, et, au moyen des grilles qui font corps
avec l'instrument, vous vous procurez un
excellent miel à peu de frais. Les amateurs
qui reculent devant la dépense d'un extracteur ne pourraient-ils pas se réunir plusieurs et adoucir la charge de l'acquisition
en la divisant? Enfin, les administrateurs
de nos communes rurales feraient preuve
d'intelligence en encourageant autour d'eux
les progrès de l'apiculture par l'achat d'un
extracteur qui serait mis à la disposition
du public. Cette mesure serait évidemment
plus utile et plus populaire que celle des
absurdes palais scolaires imposés par la

politique aux communes, et dont le plus
clair résultat est de les ruiner. Un extracteur, mis au service de tous, développerait
mieux le goût de l'apiculture que tous les
cours publics qu'on pourrait leur offrir sur
cette matière ; ce serait une leçon en action
à laquelle l'intérêt personnel donnerait un
puissant attrait. On procurerait ainsi à peu
de frais, aux cultivateurs, une richesse
réelle, et on arriverait promptement aussi,
par une mesure de ce genre, si elle se pro-
pageait, à affranchir notre pays du tribut
si considérable que la France paye à
l'étranger pour le miel importé du dehors
et qui est nécessaire à sa consommation.
Mais cette idée si rationnelle et si patrio-
tique est bien trop au-dessus de la portée
de la majorité de nos édiles ruraux actuels
pour qu'elle ait chance d'être accueillie
par eux.

L'Enfumoir. — Chacun peut s'en com-
poser un à sa guise ; c'est ce que j'ai fait
pendant bien des années : Enfumoir avec
chiffons ; avec du foin roulé dans du gros
papier ; pipe dite d'apiculteur, etc. J'ai ren-

contré à mon début la lourde douille en tôle, emmanchée d'un soufflet de cuisine, auquel il fallait porter les deux mains et non sans fatigue encore. Tous ces enfumoirs improvisés me demandaient beaucoup de préparation, étaient à renouveler à tout moment; je ne savais où les poser dans l'intervalle; ils s'éteignaient au moment du besoin et me laissaient à la merci des abeilles ameutées. Bref, ils m'ont causé tant et de si désagréables incidents, jusqu'à mettre un jour le feu à mon rucher, que je crois faire œuvre pie en voulant préserver nos correspondants de toutes ces mésaventures.

J'ai dit que l'enfumoir n'était pas indispensable, en ce sens qu'il n'exige pas qu'on recoure à des spécialistes, comme pour la ruche et l'extracteur, surtout quand on a l'habitude de laisser ses ruches au repos, ou qu'on ne les aborde que de loin en loin; mais si on veut répondre à toutes les exigences du système rationnel, être toujours prêt au moment voulu et pour un temps d'opérations qui doit se prolonger, je ne dirai pas que l'enfumoir, dans de telles con-

ditions, n'est pas indispensable ; il en faut
un, mais facile à allumer, léger à porter,
n'exigeant qu'une seule main pour la ma-
nœuvre, fournissant de la fumée pendant
un temps suffisamment long, vraiment pratique enfin. Or, l'enfumoir que nous avons
adopté réunit, ce me semble, toutes ces
conditions. C'est un instrument bien réussi ;
on dirait un gracieux bijou, une miniature
pour le service apicole. Impossible de
trouver mieux ; il est parfait de fond et de
forme. En appuyant le pouce et la main sur
le soufflet et soutenant avec les autres doigts
la douille en ferblanc qu'on tient au-dessous
et comme renversée, on obtient toute la
fumée nécessaire. Indépendamment de sa
forme élégante, il dose en quelque sorte la
fumée qu'il est à propos de dégager de l'enfumoir. Trop de fumée étourdit les abeilles
et les dispose plutôt à s'irriter qu'à se cal-
mer. Deux ou trois jets de fumée, en ouvrant la ruche, suffisent pour les mettre en
considération, les avertissent qu'on est
armé pour la défense. Cela fait, on dépose
l'enfumoir à portée de la main pour le re-
prendre quand elles s'abandonnent de nou-

veau à quelque boutade de mauvaise humeur. Pendant les intervalles de repos, l'enfumoir doit avoir sa cheminée ou tuyau conique posé verticalement; il est bon de souffler de temps en temps pour raviver le feu et même découvrir la douille pour lui donner plus d'air, surtout si on voyait la fumée diminuer sensiblement. On aura ainsi une arme défensive pendant tout le temps que dure l'opération. On peut se servir d'une demi-tablette de charbon Stoker qu'on trouve chez les quincailliers, ou de quelques fragments de charbon chimique qu'on allume si facilement avec une allumette, puis on remplit la douille avec des chiffons, du bois pourri ou du marc réservé après la fonte de la cire, ou enfin avec quelqu'autre substance analogue qui dégage de la fumée.

Cet enfumoir est connu dans le commerce sous le nom d'*enfumoir américain*, mais il a été corrigé et amélioré par nous en plaçant dans sa partie conique une seconde grille qui empêche le contenu de la douille d'obstruer cette cheminée; cette amélioration sera bien reçue de tous ceux

qui ont éprouvé, comme nous, l'inconvénient d'avoir souvent à interrompre l'opération pour déboucher l'instrument et assurer
la libre sortie de la fumée.

Le Nourrisseur — Le meilleur, le plus
indispensable sera de laisser d'abondantes
provisions d'hiver aux ruches. Certains
apiculteurs leur laissent de 15 à 20 kilos de
miel, et je ne les en blâme pas. Elles seront
d'autant plus précoces au printemps suivant. Après ce nourrisseur d'hiver, le meilleur nourrisseur de printemps et d'été se
trouve dans les fleurs ; mais celui-là ne dé-
pend pas de nous, Dieu l'a dans sa main, et
il faut savoir gré à l'Eglise d'avoir inséré
dans le rituel romain une prière spéciale à
ce sujet à l'intention des apiculteurs.

Enfin, pour certain cas, on devra avoir
un nourrisseur à sa disposition pour fortifier les ruches faibles et les jeunes essaims.
Celui que nous avons adopté consiste en un
verre contenant une livre de sirop et
ayant un couvercle en métal formant filtre
vissé au verre même. J'ai pu comparer ce
nourrisseur à beaucoup d'autres et je ne

crains pas de dire qu'il leur est préférable
sous tous les rapports.

Couteau à désoperculer. — Le rayon
operculé doit être décacheté sur ses deux
faces avant d'être placé dans l'extracteur.
Le couteau dont on se sert à cette fin est
construit de façon à faciliter cette opération.

Tel est notre matériel apicole. Ce catalogue, comme on voit, n'est pas bien
étendu, mais, tel quel, il suffit pour tous
les cas.

En exposant notre pratique apicole, nous
ne songions nullement à entrer dans des
détails d'outillage, à nous occuper de four-
nitures d'instruments. Dans ma pensée, les
amateurs qui voudraient appliquer notre
méthode de culture devaient se pourvoir,
comme nous l'avions fait, auprès des com-
merçants en ces sortes d'articles, sauf à
payer, comme nous, très cher leur expérience.

Mais ce que je n'avais pas prévu est
arrivé : Un conseil mène à beaucoup d'au-

tres. Ayant indiqué une meilleure exploitation du rucher, la confiance en notre méthode a fait naître celle en nos instruments. En effet, ces deux choses sont corrélatives. Elles ne vont pas l'une sans l'autre : Qui veut arriver à la même fin, doit prendre les mêmes moyens.

Voilà comment nous sommes amenés à diriger nos correspondants dans le choix des quelques instruments mentionnés dans mon opuscule de *20 ans auprès d'un rucher*. Heureusement l'outillage indispensable se réduit à quelques pièces ; notre catalogue est peu étendu et il est possible de surveiller l'exécution d'une ruche, d'un extracteur, d'un enfumoir, sans prendre position dans le monde apicole, comme maison de commission en ce genre.

Connaissant par expérience les difficultés qu'on rencontre dans l'acquisition des instruments, et voulant épargner à nos correspondants les nombreuses écoles que nous avons faites, nous répondrons à la confiance qu'on nous témoigne, mais dans les limites marquées dans notre liste d'outillage. Cette situation nouvelle m'a amené à ajouter dans cette deuxième édition quelques pages relatives à la partie instrumentale, pour qu'on sache de suite à quoi s'en tenir et prévenir une trop volumineuse correspondance onéreuse pour tous, et que nous avons à cœur de simplifier.

Malgré cette addition au volume, mon livre est resté petit de taille, malgré ses vingt ans d'âge. Est-ce un défaut, ou bien une qualité ? Ne faut-il pas être un peu de son temps où on ne va qu'en train rapide ou en train éclair ? En matière rurale surtout, qui donc aime les gros volumes remplis de théories plus ou moins discutables ? Quand on a dit les quelques mots qu'on a cru utile de dire, le reste est-il autre chose que du remplissage ou de la compilation ?

Je n'ai pas voulu faire un traité : Il en existe tant ! A défaut d'autre mérite, ces pages auront du moins celui d'être vite lues. Et si elles arrivaient à supprimer pour nous et pour tous les mauvaises années, qui s'en plaindrait ?

J'ai voulu, dans une causerie de quelques pages, répondre à la plainte continue et à

peu près générale des amateurs disant que
leurs ruches ne leur rendent rien. N'ayant
pas à nous plaindre des nôtres, j'ai dit que
ce ne sont pas les abeilles qui ont tort, mais
les procédés peu intelligents et souvent
féroces dont on use envers elles.

Enfin n'ayant pas d'autre moyen de venir
en aide à mes confrères dans le sacerdoce,
victimes comme moi de l'arbitraire haineux
des sectaires, j'ai voulu leur dire comment
je m'y étais pris pour rendre leur rage
impuissante. La République m'a donc fait,
comme à beaucoup d'autres, des loisirs
forcés. Le décret qui a atteint les aumôniers
des écoles normales ayant supprimé mon
traitement, la situation devenait difficile.
J'ai dit, comme l'intendant mis en scène
dans l'Évangile par le divin maître : *fodere
non valeo, mendicare erubesco, scio quid
faciam...* Cet intendant me paraît d'un
cynisme achevé. Les gens d'affaires qui lui
ressemblent n'ont aucun goût pour les
choses de la campagne, aussi est-il rare
de les voir chercher de ce côté une solution honnête aux difficultés de leur situation. Quoi qu'il en soit, appréciateur décidé

des cultures rurales, je demandai à mes abeilles de reconstituer mon traitement brutalement supprimé. Elles l'ont fait avec une bonne grâce, un entrain, un succès tels que cela a redoublé mon amour déjà bien ancien pour elles.

J'ai eu lieu de remercier le Seigneur de la bonne inspiration qu'il m'a donnée et d'admirer comment il se joue des machinations des pervers, en ordonnant à des insectes d'apporter le pain de chaque jour à ceux qui se confient en lui, et même avec ce pain un peu de bon miel. Que mes compagnons d'infortune ne s'abandonnent donc pas eux-mêmes ; qu'ils suivent le conseil de l'Écriture nous renvoyant tous à l'école de la fourmi, de l'abeille surtout ; ils trouveront par là, avec l'indépendance matérielle vis-à-vis des hommes, un motif de plus de bénir le Père qui est aux cieux

TABLE

———

———

On trouve dans la même Maison

LES INSTRUMENTS APICOLES

Désignés dans le traité, savoir :

La Ruche à 14 cadres mobiles avec châssis vitré d'observation.

L'Enfumoir dit *américain*, fonctionnant à l'aide d'une seule main.

Le Nourrisseur spécial en verre et couvercle à filtre vissé.

L'Extracteur à 2 et 4 rayons.

Le Couteau à désoperculer les rayons.

S'adresser, pour ces articles, à Mme GARDIOL, rue St-Martin-des-Vignes 4 *bis*, à Mâcon (Saône-et-Loire).

Pour les explications au sujet des leçons, s'adresser comme ci-dessus, avec timbre pour réponse, M. l'abbé MAGNAN, auteur de l'ouvrage.

---

www.ingramcontent.com/pod-product-compliance
Lightning Source LLC
Chambersburg PA
CBHW071203200326
41519CB00018B/5347